中道友子魔法裁剪 2

[日] 中道友子　著

贾玺增　陶晓通　译

我们自己设计的服装旨在追求视觉效果和传达情感。

那些意想不到的形状和形式可以转化为平面纸样，并最终制成服装。将这些新想法拓展开来，可以使这个过程成为一个有益的经历。

我希望能够将我所创造的形式和细节复制到一个平面上，以纸样形式理解它们的结构。纸样就像描述一件衣服的说明书，比文字能够更有力地表达它的结构，甚至可以传达出创作者的思想。

东华大学出版社·上海

目　录

第一部分
几何的运用

　　本书使用与成人女子文化式原型配套的人台。详见第 96 页。所有纸样均适用于 M 号成年女性（胸围 83 cm，腰围 64 cm，后中长 38 cm）。分割线的位置、量根据服装的尺寸不同而有所差异。如果使用 1/2 人台，需要将所有尺寸缩小一半，然后展开纸样。

第二部分
装饰结构

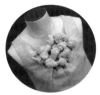

第三部分
消失的它们……

基本原理

仅用分割线进行立体造型

    作为制版基础的日本文化式原型通过收省（胸省、后肩省、腰省）来达到合体效果。这部分将讲解如何用自由加入的分割线代替省道来表现基础衣身纸样的立体造型。

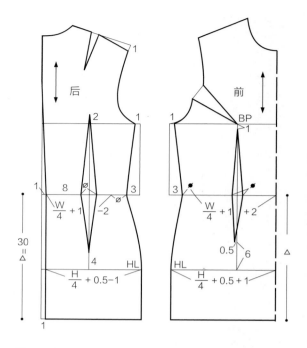

❶ 绘制衣身纸样草图。

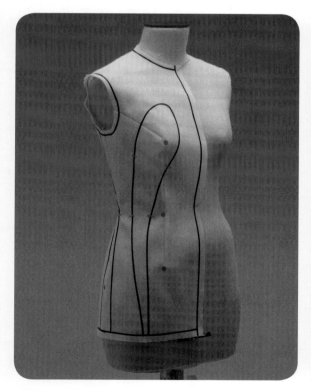

❷ 完成衣身的缝制，并在省尖点和腰线上添加●标记。

不管●标记的位置在哪里，你都可以随意画线。为了便于把衣片缝在一起，插入对位标记。

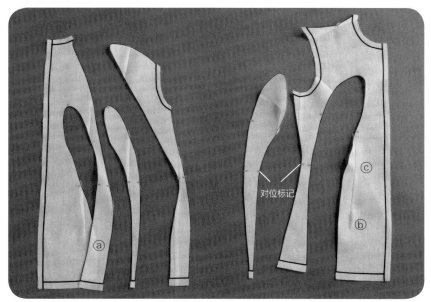

对位标记

③ 如果沿着这些线条进行裁剪，得到的布片不会平坦地铺在桌面上，例如它们会在ⓐ处交叉。

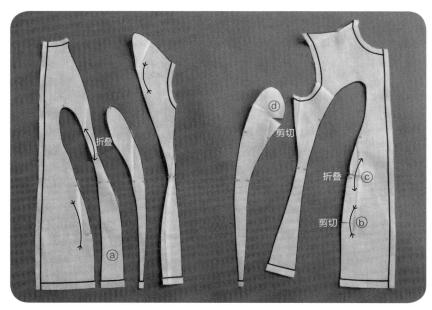

折叠

剪切

折叠

剪切

④ 通过折叠标记ⓐ，可以创造一些接缝的空间。在其他没有平铺的地方，比如标记ⓑ处，需要在面料上从标记的末端处开一条缝。在有多余织物的地方，例如标记ⓒ处，需要将织物折叠平整。在缝合时，需要展开折叠过的部分，并且将布上的三处剪切压平或缩缝。

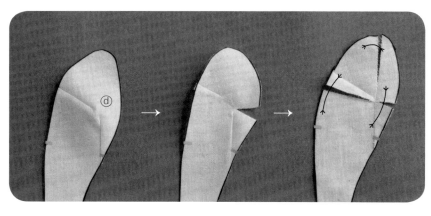

⑤ 在ⓓ部分开了一条缝，但是由于需要大量切展，因此在布片的另外三个部位各开一条缝，并分配切展量。

裁剪 ⓓ

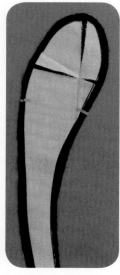 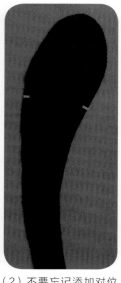  

（1）将布样放在面料上 方，加缝份并裁剪。

（2）不要忘记添加对位 标记。

（3）切展部位用缝纫机 疏缝并缝缩，然后用熨 斗熨平。

（4）不用收省也能贴合于胸前。

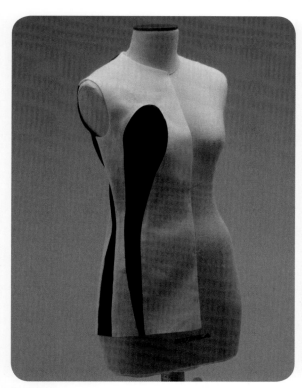 

❻ 完成缝纫。

分割线与●标记之间的距离越远，就越需要对面料进行调整。
如果它们之间的距离太远，就无法达到理想的塑型效果（不
过这也要看面料的性能）。因此，你可能需要对设计进行修改，
比如增加分割线的数量。

通过进一步设计，在下摆插入"喇叭"插片

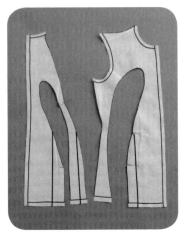 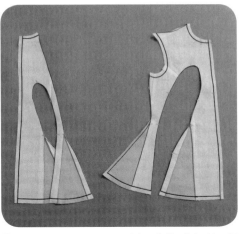 

❶ 在上述步骤❹的纸样上画上"喇叭"插片位置。

❷ 剪切并展开需要的量。此处，"喇叭"插片已经插入衣身前片的侧缝中。由于衣身后片的纸样存在重叠，并且重叠程度较大，无法通过折叠上部获得缝份量，不可能得到一片式的纸样，需要改变设计，将纸样分成两部分。

纸样被分成两片。

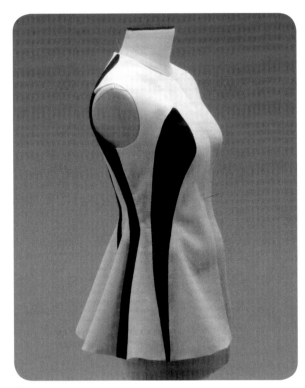 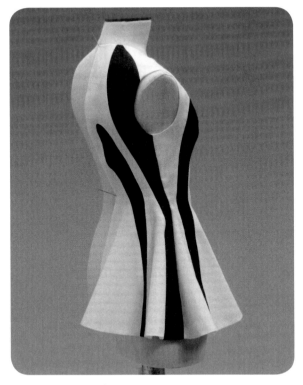

❸ 完成缝制。
根据插入分割线方式的不同，需要对纸样进行各种变化。当你找到一种能够完成服装制作的方法时，一定要进行灵活的思考。

第 一 部 分
几何的运用

我从开始学习数学时就喜欢圆形，因为它有一种简约的美感。在制作服装纸样时，我会从圆形开始，然后是三角形和正方形等。当你把这些形状用在服装上时，多余的面料会自然散开或优雅地下坠。我也喜欢将艺术形式和细节结合起来，因为几何图形可以创造出漂亮的形状。我的目标是尝试使用各种方法来重新设计纸样。

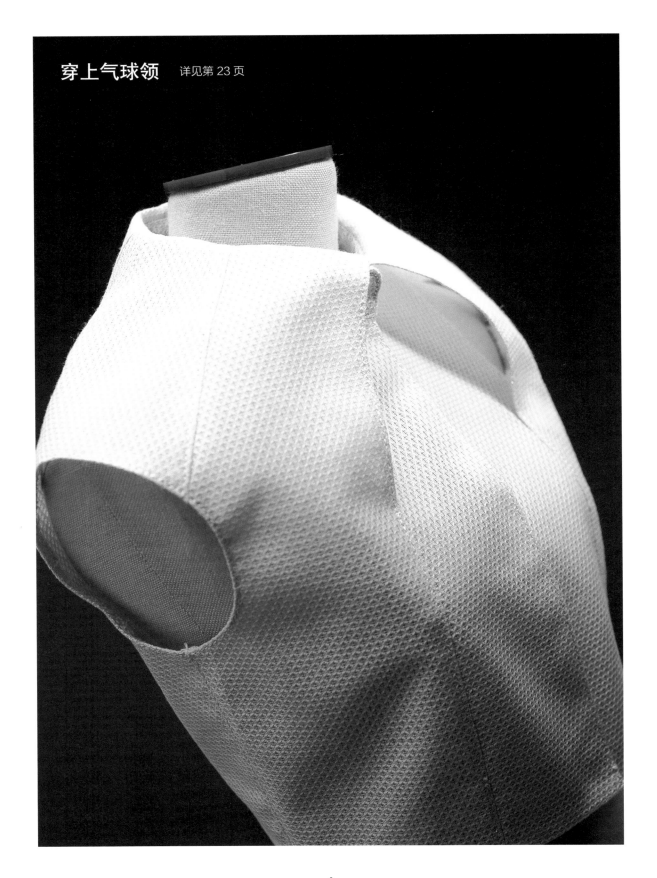

穿上圆圈 详见第 24 页

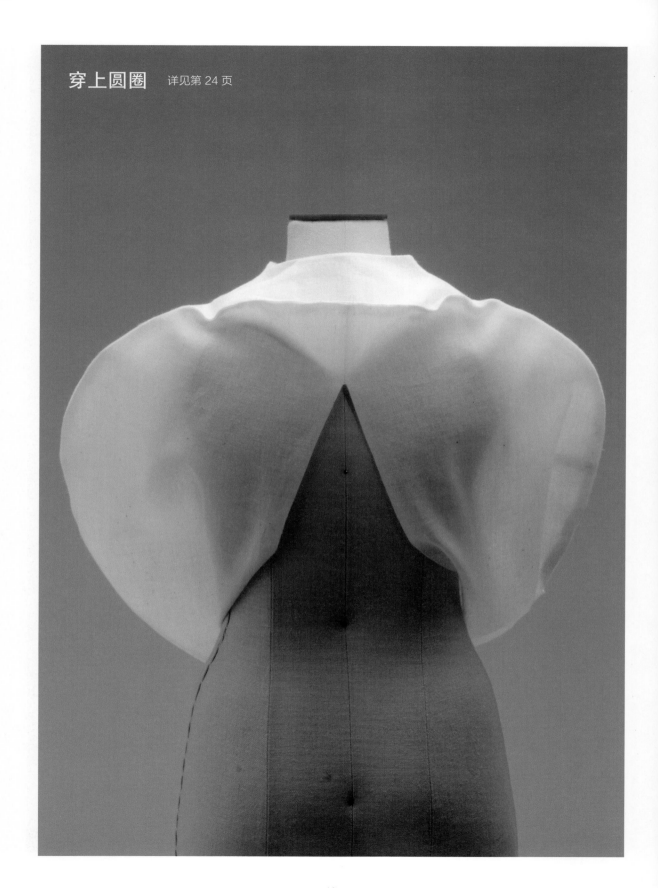

穿上圆圈 详见第 26 页

后背 nyokitto 造型

后背 nyokitto 造型 详见第 33 页

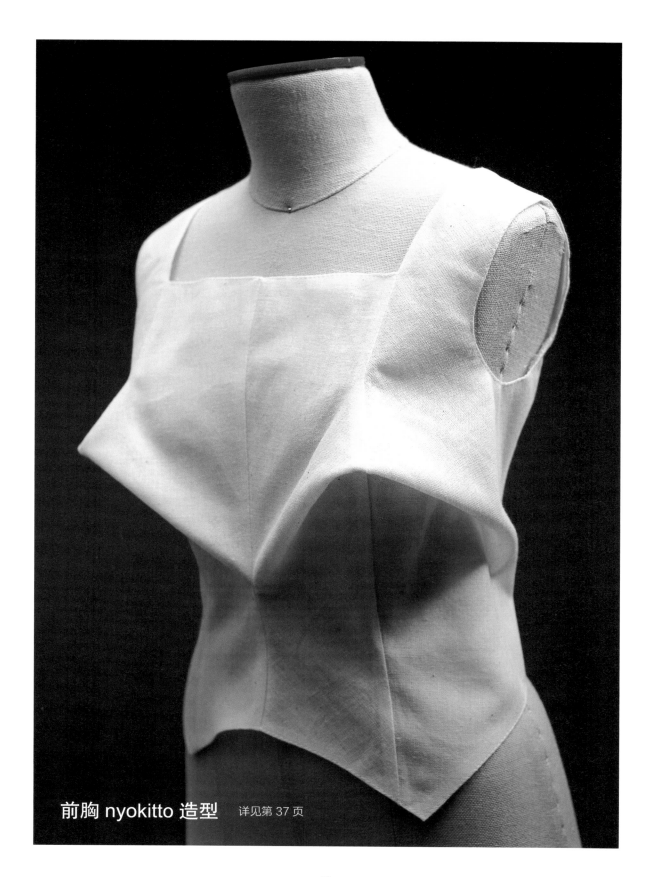

前胸 nyokitto 造型　　详见第 37 页

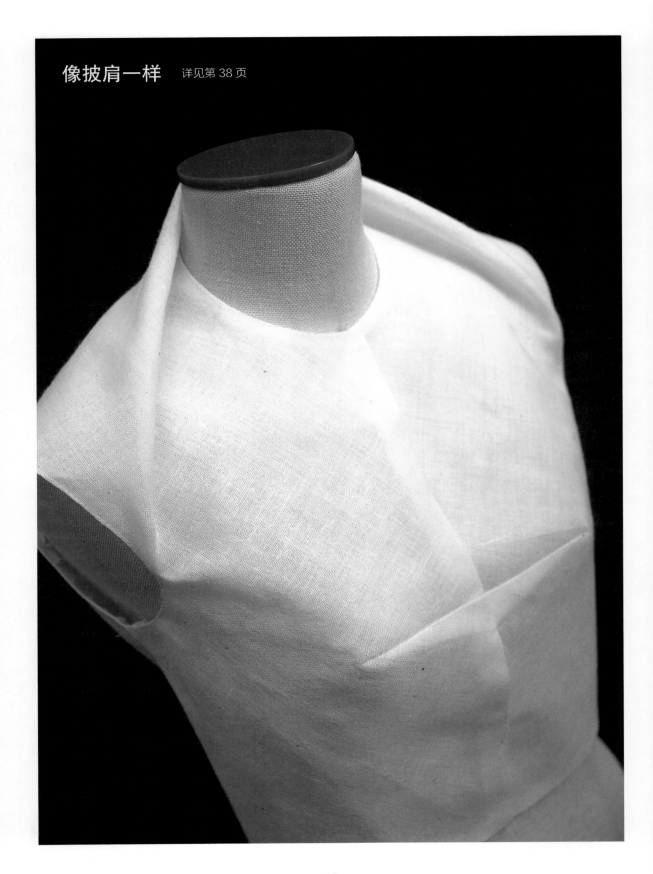

像披肩一样　详见第 38 页

手风琴球形褶 详见第 41 页

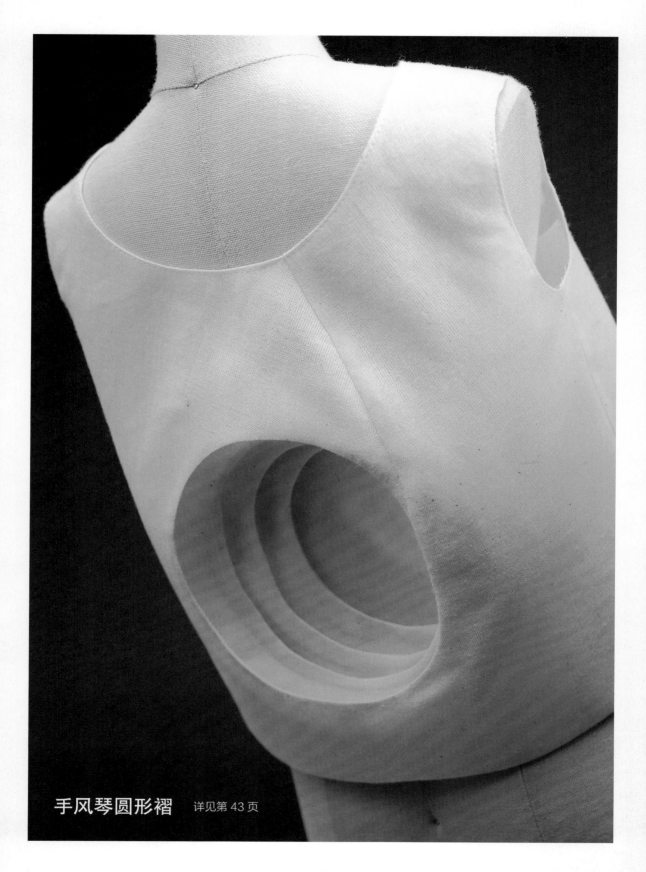

手风琴圆形褶　详见第 43 页

圆形套筒袖　详见第 45 页

手风琴方形褶　详见第 46 页

中道友子魔法裁剪

基于几何运用的纸样制作

穿上气球领

这个设计灵感源于我看到的一张照片，照片上有一个气球轻盈地漂浮在空中。尝试用立裁来表现这种漂浮的形态很困难，但是通过在原型上添加分割线的形式，我发现了将这个美丽的气球转变为服装的方法。

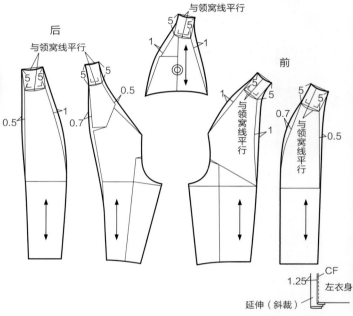

② 关闭所有省道。为了使衣领更加蓬松，需要将纸样上提5 cm，并复制原来的领窝线。在每个衣片两侧各横向增加0.5~1 cm，并绘制一条平滑、连续的线。由于前中线是弯曲的，通过衣料增加延伸量。如果缝合分割线时长度不一，可以通过轻移或拉伸织物来更正长度。如果长度差异特别明显，可以在衣领处进行调整。

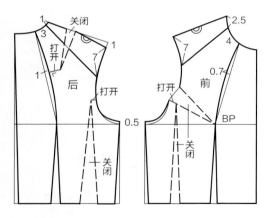

① 在原型上均衡设计分割线。

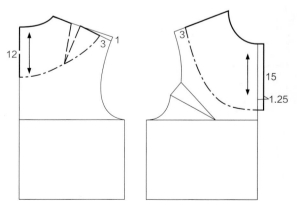

③ 加宽贴边，使肩膀更加挺拔。

第 9 页：穿上气球领

这个设计包括一个附着在领座上的大领子，它轻微膨胀，成为衣身的一部分。

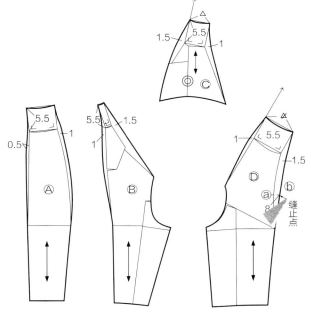

②关闭所有省道。

由于领子在领口以上展开，需要将Ⓐ、Ⓑ、Ⓒ、Ⓓ的领口上提 5.5 cm，并复制原有的领口形状。接着，向两侧分别增加 0.5~1 cm 进行横向展开，并绘制流畅连续的线条。

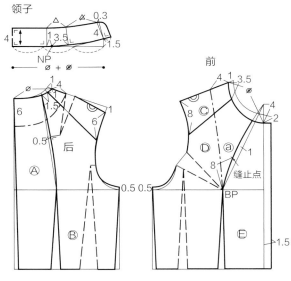

①在原型上均衡设计分割线。将Ⓓ的右侧分割线拉长，使其与领座的上边缘相接，并过 BP 画一条平滑连续的线。绘制一个宽度为 4 cm 的领座（也用作贴边）。

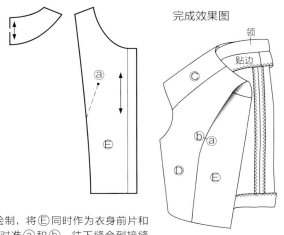

完成效果图

③贴边纸样绘制，将Ⓔ同时作为衣身前片和贴边。最后，对准ⓐ和ⓑ，往下缝合到接缝的末端。

第 10 页：穿上圆圈

我尝试用两块圆形的布料制作衣服，让它们轻柔地包裹住身体，突出曲线。

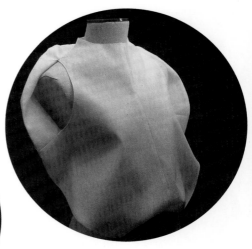

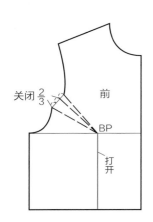

① 将原型上的袖窿省关闭 2/3。

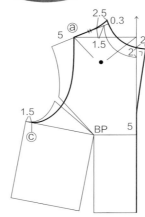

② 在纸样上绘制一个高领口，因为前领长不足，所以在前中略微加宽。然后确定肩宽并标记为ⓐ。

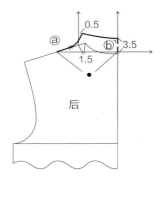

③ 后片与前片进行相同的操作。首先画一个高领口，再取与前肩宽相等的ⓐ。从ⓐ处作一水平线，将与后中相交的点标记为ⓑ。

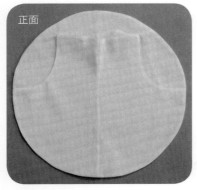

折叠后的效果。

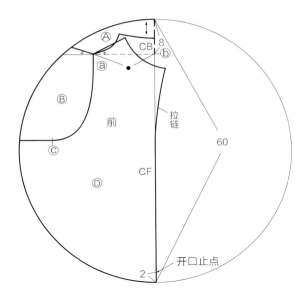

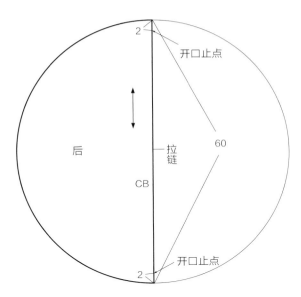

❹ 画一个半径为 30 cm 的圆。然后在圆的直径上从上往下测量 8 cm，从这个位置量取●以标记出ⓐ。以ⓐ对准衣身前后片，接着向圆周的方向延伸ⓐ—ⓒ。你可以从ⓒ处画出任意角度的线条，这里我画了一条水平的线。然后再画一条穿过ⓐ点的线条。这条线与水平线的夹角和前肩线与水平线的夹角应该相等。

❺ 后片的纸样是两个相对的半圆片。我在后片中长处增加了拉链开口。

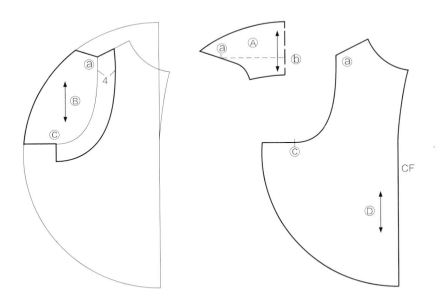

❻ 这件服装正面的纸样由三部分组成。第一部分Ⓐ如图所示，将步骤❹中ⓐ、ⓑ上方部分翻转并复制。第二部分Ⓑ由于袖窿中隐藏的部分需要被覆盖，增加 4 cm 的宽度，且与袖窿平行。

第 11 页：穿上圆圈

这件衣服穿着时身体从圆形衣片中竖直穿过，使得裙子的形状呈圆锥形。这种形状会因下摆开口的位置和大小以及面料的重量不同而有所不同。

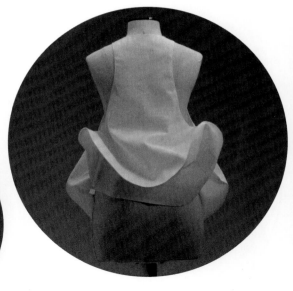

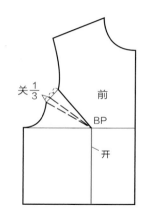
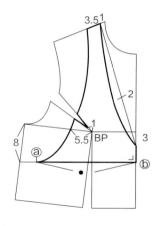

① 确定衣身开始呈圆形蓬起的位置，量取身宽并标记为ⓐ—ⓑ。

② 将 1/3 袖窿省转移到腰线上。

③ 用与后衣片相同的方法，在前衣片上取身宽。

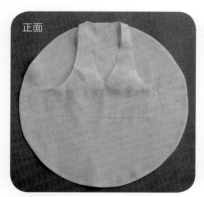
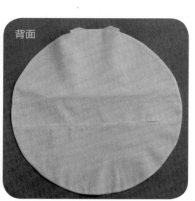

折叠后的效果。

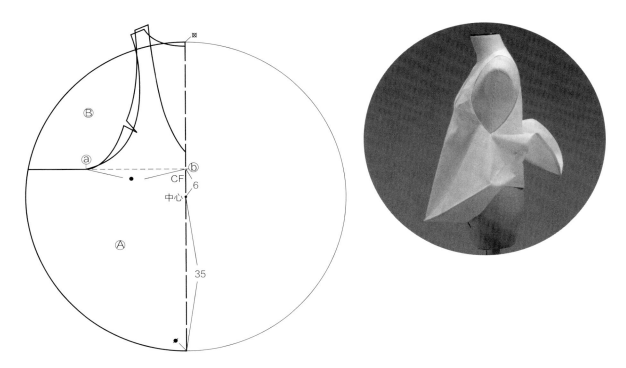

④ 绘制半径为 35 cm 的圆，先确定想要在前中呈现衣身蓬起的位置并标记为ⓑ。从ⓑ点水平测量尺寸●，标记出点ⓐ。对齐ⓐ—ⓑ两点复制出衣身的前后片。

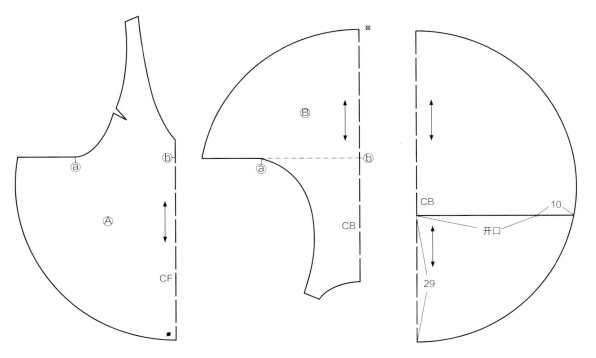

⑤ 这份纸样包括衣身前片Ⓐ和衣身后片Ⓑ。翻转ⓐ、ⓑ连线以上肩袖部分并复制，得到纸样ⓑ。

⑥ 在试穿后，可以使用卡扣或纽扣来调整衣服下摆开口的宽度。

第 12 页：穿上三角形

通过在人台上穿上三角形的布料，我创作出这件类似于艺术品的服装。我把三角形剪裁得特别尖锐，然后将衣服放在人台上，这样就创造出一些新的形状。

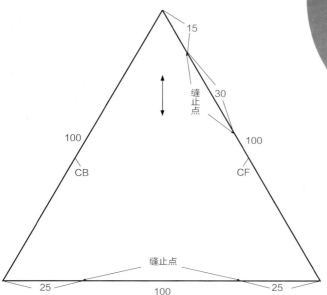

① 裁剪两块大小足够盖住身体的三角形布料。例如，可以剪一个边长为 100 cm 的等边三角形，并在头部和下摆处留出开口。使用拉链开口也会很有趣。完成后再进行调整。

② 将缝合在一起的三角形布料穿在人台上。

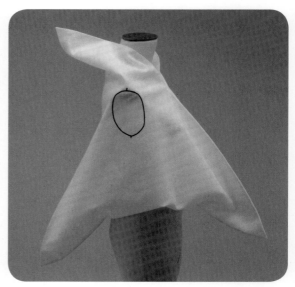

③ 在布料上标记出袖窿的位置。

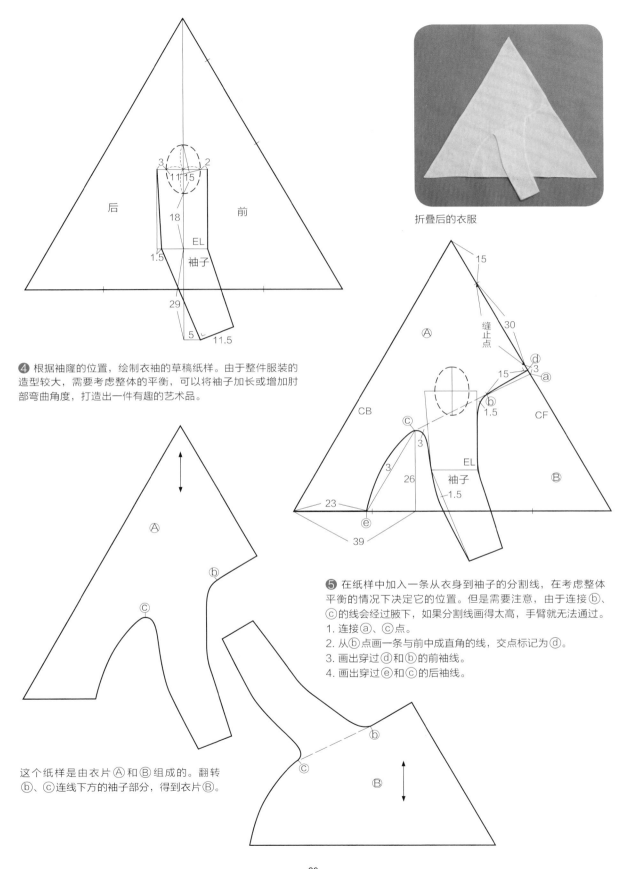

折叠后的衣服

❹ 根据袖窿的位置，绘制衣袖的草稿纸样。由于整件服装的造型较大，需要考虑整体的平衡，可以将袖子加长或增加肘部弯曲角度，打造出一件有趣的艺术品。

❺ 在纸样中加入一条从衣身到袖子的分割线，在考虑整体平衡的情况下决定它的位置。但是需要注意，由于连接ⓑ、ⓒ的线会经过腋下，如果分割线画得太高，手臂就无法通过。
1. 连接ⓐ、ⓒ点。
2. 从ⓑ点画一条与前中成直角的线，交点标记为ⓓ。
3. 画出穿过ⓓ和ⓑ的前袖线。
4. 画出穿过ⓔ和ⓒ的后袖线。

这个纸样是由衣片Ⓐ和Ⓑ组成的。翻转ⓑ、ⓒ连线下方的袖子部分，得到衣片Ⓑ。

穿上正方形

这是一种套头衫，大部分裁片使用方形布料，需要极少的测量和缝纫。

它是一件简单的直线缝纫的衣服。如果用弹力面料制作，会非常有趣。

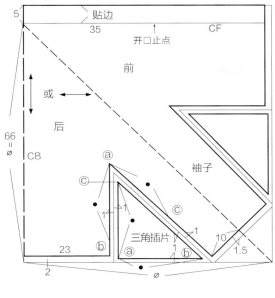

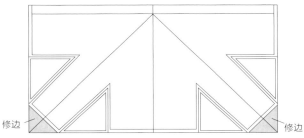

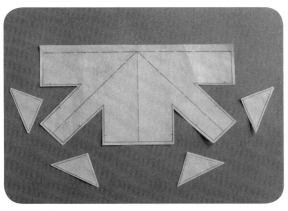

❶ 裁剪图。

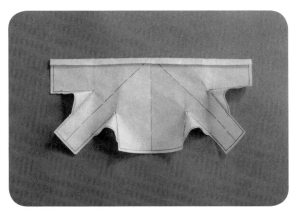

❷ 折叠贴边，并缝合插片。

按照自己的尺寸来画纸样

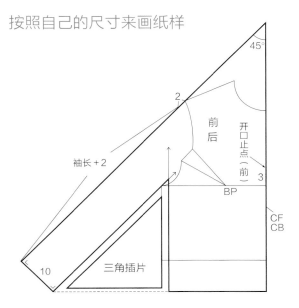

以衣身原型的前中为基准，以45°画出肩线和袖线，然后确定胸宽、衣长和袖长等尺寸。

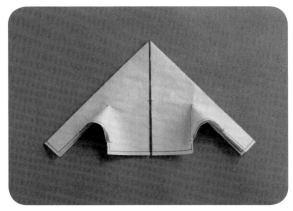

❸ 首先从前中的下摆缝到开口止点，然后缝合下袖、插片和侧缝，将袖子开口和下摆折起来；也可以在整个前中缝上拉链，并按照自己的想法设计开口的样式。

后背 nyokitto 造型

在这种服装设计中，面料上的褶皱凸出于合体衣身之上。通过增加或减少角度，可以改变褶皱的大小。这种设计比悬垂式的设计更加现代化，并且不失优雅。

用一块布料做"nyokitto"设计

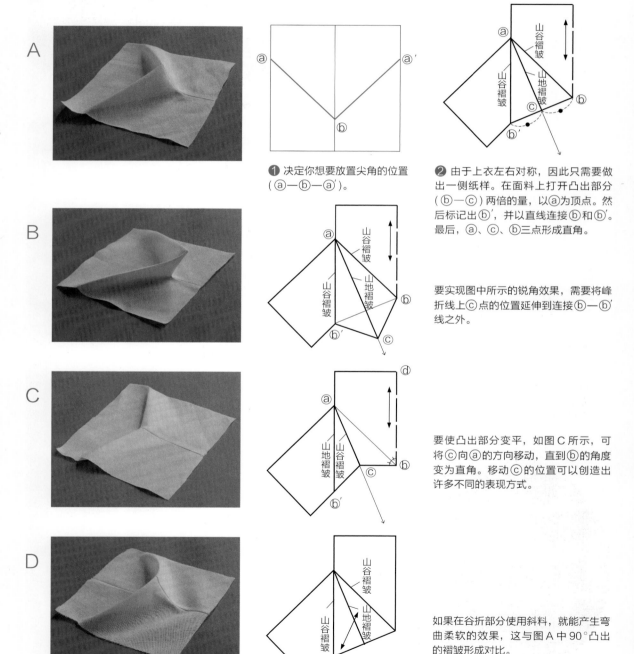

❶ 决定你想要放置尖角的位置
（ⓐ—ⓑ—ⓐ'）。

❷ 由于上衣左右对称，因此只需要做出一侧纸样。在面料上打开凸出部分（ⓑ—ⓒ）两倍的量，以ⓐ为顶点。然后标记出ⓑ'，并以直线连接ⓑ和ⓑ'。最后，ⓐ、ⓒ、ⓑ三点形成直角。

要实现图中所示的锐角效果，需要将峰折线上ⓒ点的位置延伸到连接ⓑ—ⓑ'线之外。

要使凸出部分变平，如图C所示，可将ⓒ向ⓐ的方向移动，直到ⓑ的角度变为直角。移动ⓒ的位置可以创造出许多不同的表现方式。

如果在谷折部分使用斜料，就能产生弯曲柔软的效果，这与图A中90°凸出的褶皱形成对比。

第 14 页：后背 nyokitto 造型

我在这件上衣的后背设计了一个"nyokitto"，它凸出在合身的上衣背面，看起来就像鸟嘴。

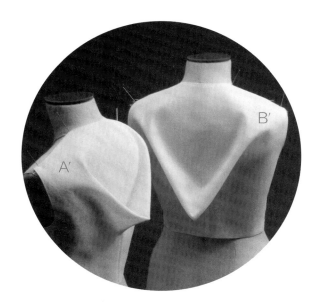

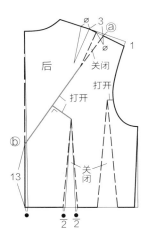

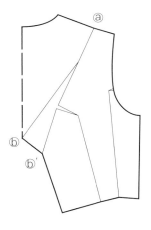

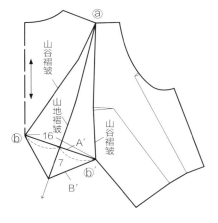

❶ 确定你想放置"nyokitto"（ⓐ—ⓑ）的位置，然后将肩省移动到ⓐ—ⓑ线上。

❷ 关闭肩省和腰省，切展后标记ⓑ′。

❸ 由于凸出量不够，需要以ⓐ为轴点再次展开。腰省转移后会使ⓐ—ⓑ′比ⓐ—ⓑ更长，但由于只是少量，可以沿外缘使其变为松量。根据不同的确定山褶皱线的方法，将形成如上图所示的"nyokitto" A′或 B′。

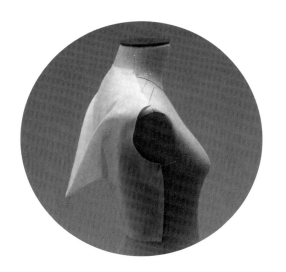

前胸 nyokitto 造型　　详见第 36 页

详见第 36 页

　　在这件衣服上，"nyokitto"在衣服的正面凸出，使用柔软的垂坠面料，斜裁的方式为其微妙的形状增添了视觉冲击力。你可以根据自己的喜好选择任何角度，尝试不同的角度组合，以获得更有趣的外观效果。

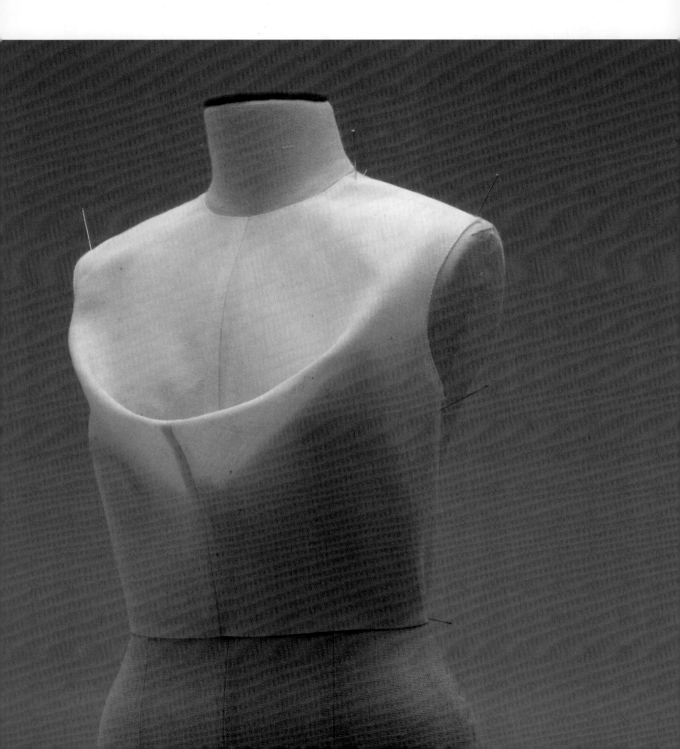

第 34 页：前胸 nyokitto 造型

这款女装上衣正面以直角突出面料被斜切。

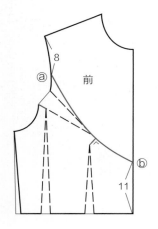

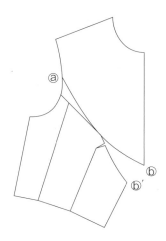

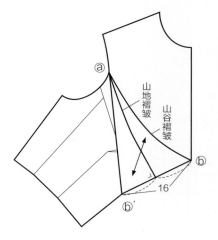

❶ 决定你想要放置"nyokitto"的位置（ⓐ—ⓑ）。

❷ 即使关闭所有省，ⓑ—ⓑ'的量也不够。

❸ 以ⓐ为中心，进一步剪开并展开不足的部分（本例中为 16 cm）。凸起部分可以使用斜料。

第 35 页：前胸 nyokitto 造型

这个"nyokitto"从肩膀开始延伸，像项链一样衬托着衣领。

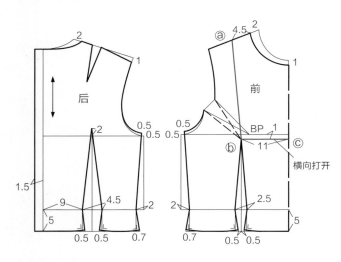

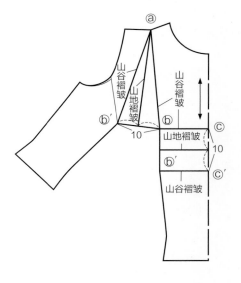

❶ 这是一件从腰围开始略微加长的衬衫。在前衣身添加切展线ⓐ—ⓑ—ⓒ。将袖窿省移动到ⓑ。

❷ 将袖窿省关闭，然后平行打开ⓑ—ⓒ（本例中为 10 cm），标记出新的线ⓑ'—ⓒ'。同样，打开ⓐ—ⓑ（本例中也为 10 cm），然后标记新的线ⓐ—ⓑ'。

第 15 页：前胸 nyokitto 造型

通过折叠的"nyokitto"，可以制造出双层面料的效果。根据分割线的位置和峰褶的长度，你可以以任何想要的方式使面料凸出，创造出独特的外观效果。

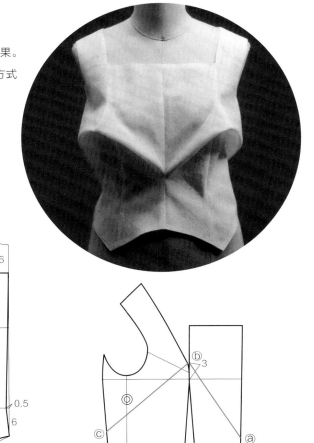

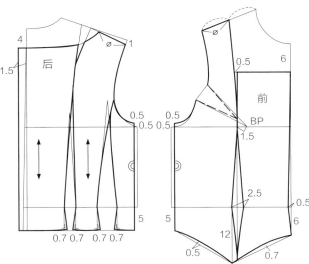

❶ 绘制上衣的基础纸样。

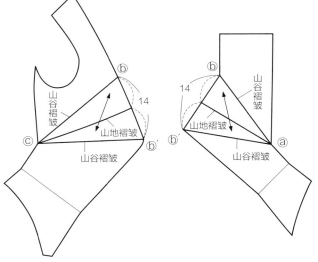

❷ 将上衣前后侧缝对齐，关闭袖窿省。然后在想要放置"nyokitto"的位置画出ⓐ—ⓑ—ⓒ线。

❸ 同时以ⓐ和ⓒ为关键点切展（本例中为 14 cm）。凸出部分使用斜料。

第 16 页：像披肩一样

这是一件用一块面料从上衣的肩膀处凸出而形成的披肩造型服装。你可以通过自己画的切展线来改变披肩的外观。

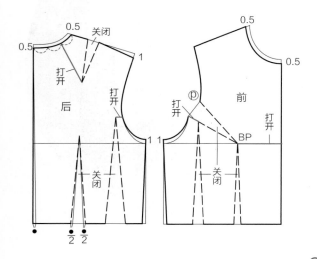

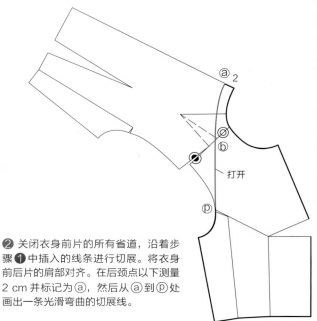

❶ 绘制纸样，由于领口太高，需要在纸样上进行修剪。在衣身前片，从胸高点向前中水平地绘制一条切展线。

❷ 关闭衣身前片的所有省道，沿着步骤❶中插入的线条进行切展。将衣身前后片的肩部对齐。在后颈点以下测量 2 cm 并标记为 ⓐ，然后从 ⓐ 到 ⓟ 处画出一条光滑弯曲的切展线。

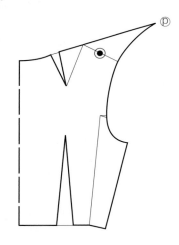

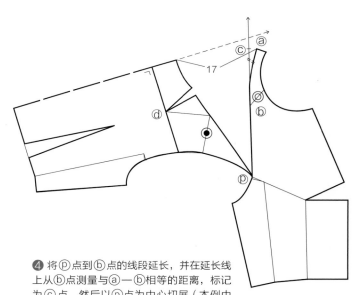

❸ 将肩部的省移到领口处，然后将前肩和后肩的左边对齐。

❹ 将 ⓟ 点到 ⓑ 点的线段延长，并在延长线上从 ⓑ 点测量与 ⓐ—ⓑ 相等的距离，标记为 ⓒ 点。然后以 ⓟ 点为中心切展（本例中为 17 cm），但要确保 ⓒ 点不落在后中延长线上。接下来，画一条穿过 ⓓ 点（肩部省尖点）垂直于后中的分割线。

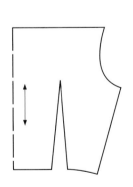

⑤ 衣身后片下半部纸样。

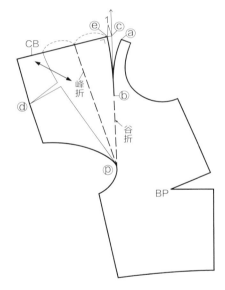

CB

e 1 c a

峰折

d

b

谷折

p

BP

⑥ 以 ⓓ 为基点，将肩省向内收拢，直到后中的延长线与 ⓒ 相交。从 ⓒ 点开始在延长线上向右测量 1 cm，并将其标记为 ⓔ 点。然后沿着 ⓔ—ⓑ—ⓐ 的线缝合，形成省道。

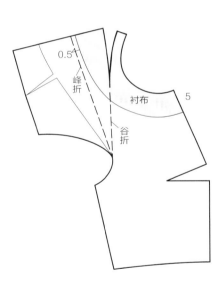

0.5

峰折

衬布

5

谷折

⑦ 如果穿着时衣领不能很好地固定，则可以使用衬布或者在谷折的一半位置车明缝线，以防止领口被拉伸。

手风琴球形褶

　　小时候玩折纸的乐趣是我永远不会忘记的，通过折叠纸张可以创造出不同的形式。比如，可以将几张纸叠成月牙形来做成一个球，也可以利用半圆形手风琴的形状来创造出明显的阴影，从而营造出精致的袖子细节。

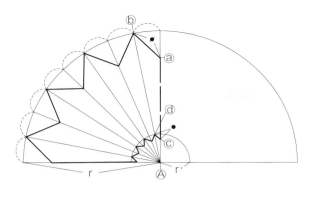
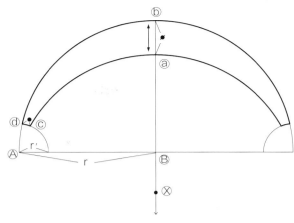

① 以 A 为圆心，画一个半径为 r 的半圆。

② 以 A 为圆心，再画一个半径为 r'的半圆。

③ 用两个半圆的周长除以你要在袖子中做的折叠数。

④ 确定两个半圆上每条折痕的宽度，然后用锯齿线把它们画出来，完成横切图。

ⓐ—ⓑ=✿ 　　　ⓒ—ⓓ=●

⑤ 以 ⓑ 为圆心，绘制一个半径为 r 的半圆。

⑥ 以 ⓐ 为圆心，画一个半径为 r'的半圆。

⑦ 从 ⓑ 直接向上画一条线，并使它与最外层半圆的周长相交于 ⓑ。

⑧ 从 ⓑ 开始，测量预定的折叠宽度✿并标记为 ⓐ。

⑨ 将 r 和 r'两个半径相交的位置标记为 ⓓ。

⑩ 从 ⓓ 测量在半圆 r 的周长上弧长●的折痕宽度，并标记为 ⓒ。

⑪ 在 ⓑ 直接向下的直线上找到一点，以此点为圆心的周长经过 ⓒ 和 ⓐ，并标记为 ⓧ。

⑫ 以 ⓧ 为圆心，画一段圆周，做成月牙形。这个月牙形就是褶皱的纸样。需要多少折叠数，就准备多少纸样片。

展开时	折叠时	斜向拉伸时

第 17 页：手风琴球形褶

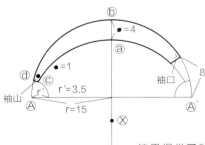

这里提供了制作袖子所需的标准尺寸。从 ⓐ 向上测量 8 cm，并从该点向左下画一条垂直线，以确定袖子的开口位置。袖子由 16 片新月形纸样组成，组装袖子时要注意使其适合手臂。

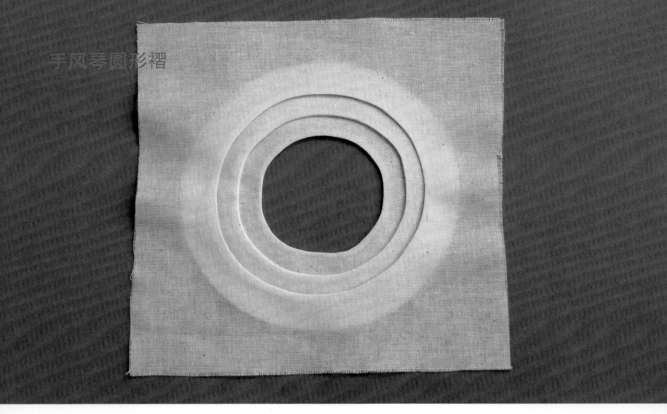

手风琴圆形褶

❶ 以 Ⓟ 为圆心，绘制一个半径为 r 的圆 Ⓐ。
以 Ⓟ 为圆心，绘制一个半径为 r−2 cm 的圆 Ⓑ。
以 Ⓟ 为圆心，绘制一个半径为 r−4 cm 的圆 Ⓒ。

❷ 在基布 A 上剪下半径为 r 的圆 Ⓐ。

A（布料正面）

❸ 在圆 Ⓐ 周围以 3 cm 的距离画出另一个圆，形成一个类似甜甜圈的形状，这个部分被标记为 A′，位于 Ⓐ 的下方。

A′（布料背面）

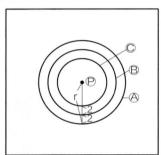

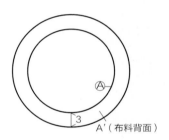

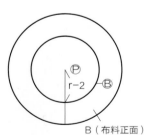

B（布料正面）

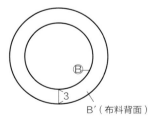

B′（布料背面）

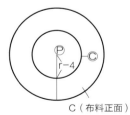

C（布料正面）

C′（布料背面）

❹ 将圆 Ⓑ 和 A′ 的外周长之间的甜甜圈形状标记为 B。

❺ 在距离圆 Ⓑ 3 cm 的地方画另一个圆，将圆 Ⓑ 和圆 B′ 的外周长之间的甜甜圈形状标记为 B′，而 B′ 位于 B 的下方。

❻ 将圆 Ⓒ 与 B′ 的外圆之间的甜甜圈形状标记为 C。

❼ 在圆 Ⓒ 周围以 3 cm 的距离画一个圆，将两个圆之间的甜甜圈形状标记为 C′，C′ 位于 C 的下方。

● 将 A 和 A′ 缝在一起，将 A′ 和 B 沿着 B 的外周长缝在一起。用同样的方法，再将 B 和 B′ 以及 C 和 C′ 连接在一起，形成环形折叠。

第 18 页：手风琴圆形褶

圆一点点变小，并渐渐偏移……

往内部望去，就像隧道一样消失了。

这个位于后腰处的凹陷很神秘，

恍惚间，给人一种身体出现空洞的感觉。

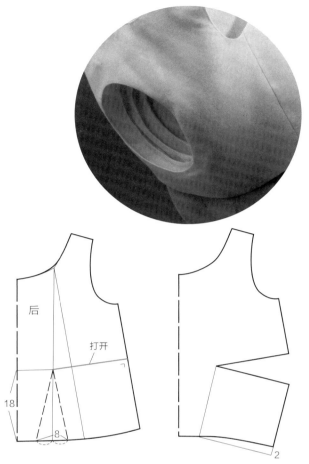

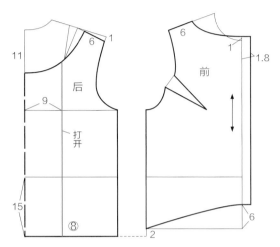

① 绘制基础衣身纸样。为了使上衣的背部不贴合身体，可以通过切展来增加松量。褶皱设计可以让上衣背部看起来更加厚实，但也可能会过于厚重。为了解决这个问题，可以在前中抬高领口。

② 通过在下摆处像收省一样折叠，可以得到一个完整的轮廓。

③ 将下摆折叠，并在两侧开口作为省道。然后重新绘制下摆，使后片侧缝与前片侧缝的长度相同。

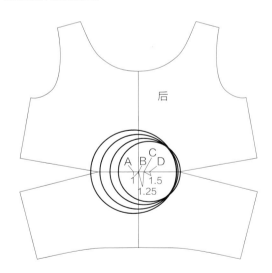

④ 将左右衣身上的省尖点连起来，并以 A、B、C、D 为圆心分别画圆。圆心向右移动，圆也向右移动。然后依次画出半径为 10 cm，圆心为 A 的圆；半径为 9 cm，圆心为 B 的圆；半径为 8 cm，圆心为 C 的圆；半径为 7 cm，圆心为 D 的圆。当每个圆圈穿过胸省时，褶皱就呈现出立体结构。

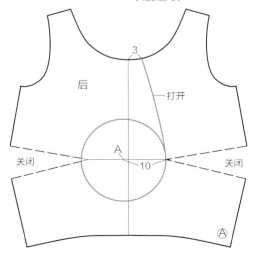

⑤ 画一个半径为 10 cm 的圆，圆心为 A。关闭省道，并在领口处切展。

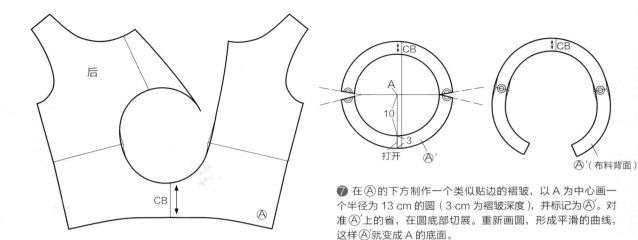

❻ 重画圆的周长。将后片标记为Ⓐ。

❼ 在Ⓐ的下方制作一个类似贴边的褶皱,以A为中心画一个半径为13 cm的圆(3 cm为褶皱深度),并标记为Ⓐ′。对准Ⓐ′上的省,在圆底部切展。重新画圆,形成平滑的曲线,这样Ⓐ′就变成A的底面。

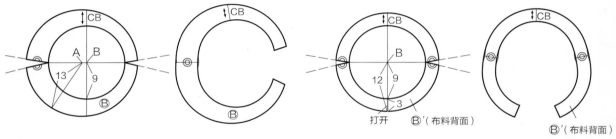

❽ 以B为圆心画一个半径为9 cm的圆,并将其与Ⓐ′内侧连接起来。然后再以A为圆心画一个圆,使其周长与Ⓐ′的外周长相同。为了确保接缝不显露,将其放置在侧边。接下来,需要对齐省道并校正线条。

❾ 以B为圆心画一个半径为12 cm的圆,其中3 cm为折叠深度。然后,用类似Ⓐ′的方法来制作Ⓑ′的纸样。

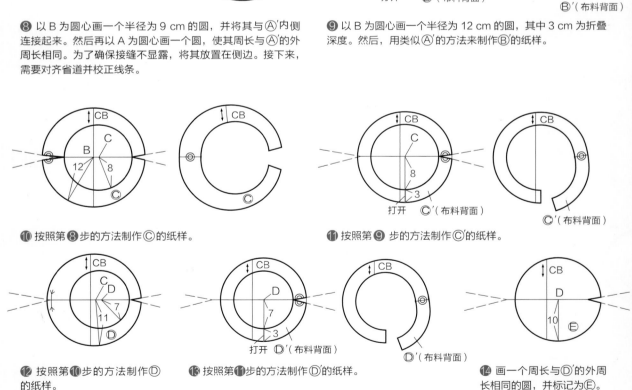

❿ 按照第❽步的方法制作Ⓒ的纸样。

⓫ 按照第❾步的方法制作Ⓒ的纸样。

⓬ 按照第❿步的方法制作Ⓓ的纸样。

⓭ 按照第⓫步的方法制作Ⓓ的纸样。

⓮ 画一个周长与Ⓓ的外周长相同的圆,并标记为Ⓔ。

● 在缝制时,先将Ⓐ和Ⓐ′、Ⓑ和Ⓑ′、Ⓒ和Ⓒ′、Ⓓ和Ⓓ′翻转到内侧,缝合内侧的圆,然后再翻转回来。接着缝合Ⓐ和Ⓑ、Ⓑ和Ⓒ、Ⓒ和Ⓓ、Ⓓ和Ⓔ的外周长。

第 19 页：圆形套筒袖

由一个大圆、一个中圆和一个小圆组合起来的立体袖子，在水平放置时，会呈现出类似帽山的扁平褶皱效果。将多个这样的圆连接在一起，可以制作出类似机器人手臂的造型。需要使用可以经得起永久性整理的面料来制作。

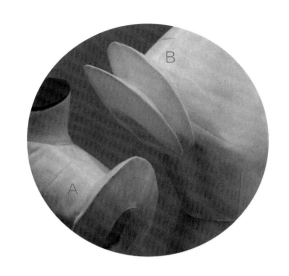

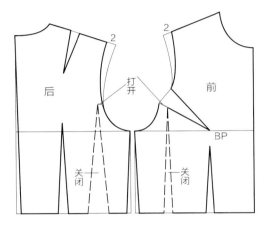

❶ 绘制衣身纸样。设计需要展现宽肩效果，因此将袖窿加深 2 cm。

❷ 可以使用以下公式来计算袖子的连接线圆Ⓐ的半径（考虑到缝份量，袖窿尺寸要比实际大 2 cm）并进行绘制。

$$r= \frac{AH+2}{6.28}$$

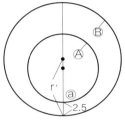

❸ 按照要求绘制一个圆Ⓑ，该圆将形成袖子的外缘。你可以任意选择尺寸，但是此处 r'=12 cm。
在腋下距点ⓐ2.5 cm 处做标记以测量 r'。

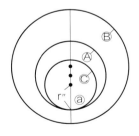

❹ 绘制袖口圆Ⓒ。计算圆Ⓒ的半径 r"。

$$r''= \frac{袖口尺寸 +2 cm（松量）+2 cm（缝份）}{6.28}$$

袖口尺寸是在肩部袖子连接线往下 5 ~ 6 cm 处以圆形测量得到的。

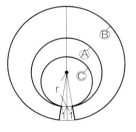

❺ 在 r 的两侧各量 1 cm 的缝边，并连接到圆心。

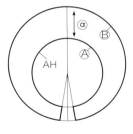

❻ 将圆Ⓐ和Ⓑ之间的纸样标记为ⓐ，圆Ⓑ和Ⓒ之间的纸样标记为ⓑ。袖子由这两种纸样组成。

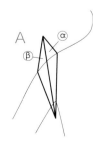

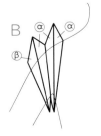

圆形袖筒是通过连接ⓐ和ⓑ这两种纸样制成的，效果与 A 相同。由三块ⓐ纸样和一块ⓑ纸样可得到 B。随着纸样片数的增加，必须考虑袖口的宽度和袖口圆圈的位置。

第 20 页：手风琴方形褶

这款上衣的独特之处在于它的方形层次感，让轮廓更加鲜明，界限更加清晰。方形逐渐变小，形成了分层的效果，更加突出了这件衣服的美感。

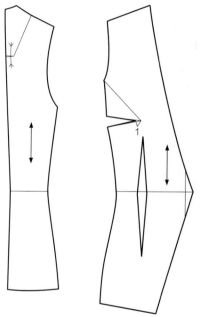

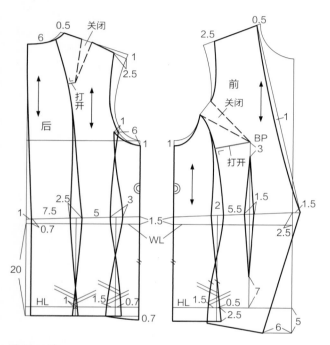

❶ 使用贴身的腰部和下摆喇叭口的设计为上衣绘制纸样。

❷ 关闭肩省和胸省并在相应位置切展。

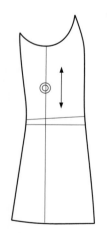

❸ 在左侧片衣身上制作褶皱。

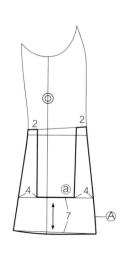

❹ 将在高腰线以下的侧片部分制作最下层的褶裥。在中心做一个 U 形开口并标记为Ⓐ。

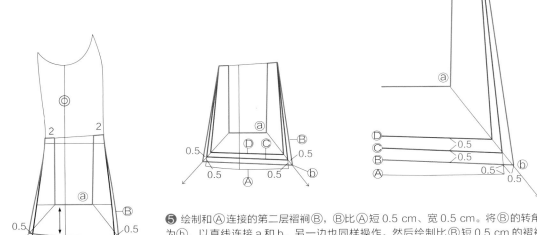

❺ 绘制和Ⓐ连接的第二层褶裥Ⓑ，Ⓑ比Ⓐ短 0.5 cm、宽 0.5 cm。将Ⓑ的转角标记为ⓑ，以直线连接 a 和 b，另一边也同样操作。然后绘制比Ⓑ短 0.5 cm 的褶裥Ⓒ，转角落在线段 ab 上。再以同样方法绘制比Ⓒ短 0.5 cm 的褶裥Ⓓ。

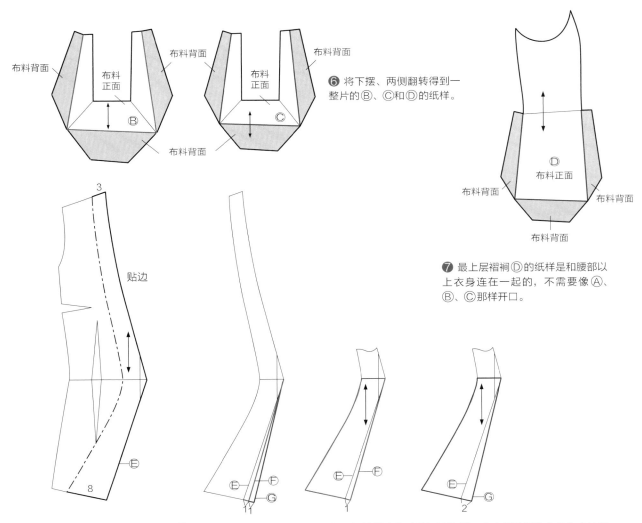

❻ 将下摆、两侧翻转得到一整片的Ⓑ、Ⓒ和Ⓓ的纸样。

❼ 最上层褶裥Ⓓ的纸样是和腰部以上衣身连在一起的，不需要像Ⓐ、Ⓑ、Ⓒ那样开口。

❽ 绘制贴边的纸样。

❾ 根据右前缘的设计制作褶裥纸样。将第❽步的贴边标记为Ⓔ，和左侧片褶裥的操作方法类似，使纸样逐渐变宽，以形成Ⓕ和Ⓖ。Ⓕ和Ⓖ缝制后需要翻转，因此需要裁剪两片。

中道友子魔法裁剪

第二部分
装饰结构

通过扭曲、拉伸和悬垂等不同的方式来捕捉面料的特点，并将其应用于服装的设计中，可以使服装更显优雅。先在纸样上创建出装饰元素的结构，然后将其复制到面料上，这样便可以随意改变设计。

像丛林一样　详见第 64 页

星星 详见第 66 页

翻转 详见第 70 页

不同的贴边，不同的样式 详见第 75 页

荡领　详见第 76 页

大翻领 详见第 78 页

大翻领的应用　详见第 79 页

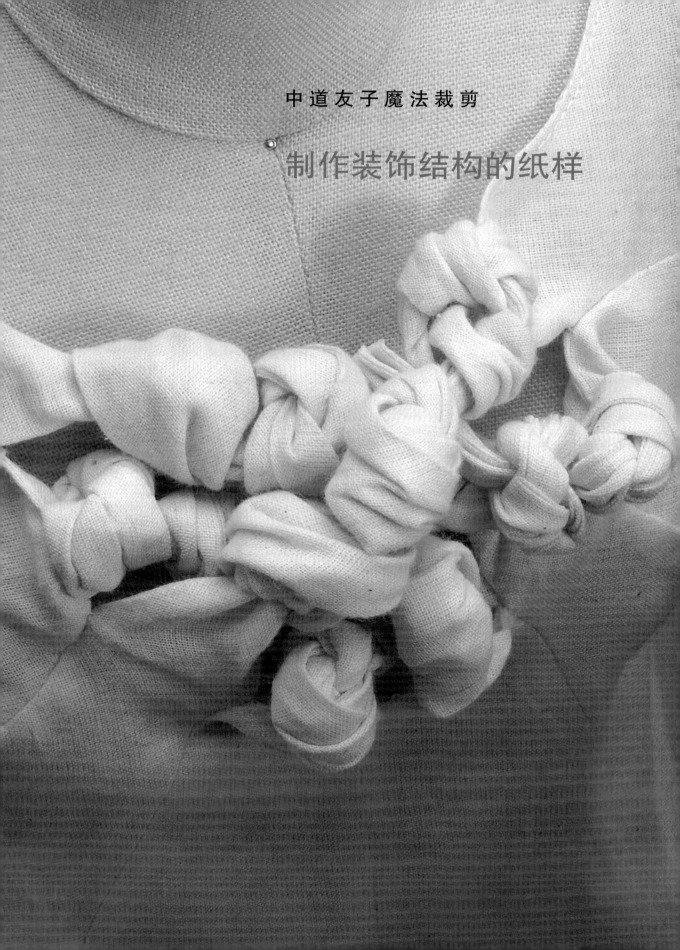

中道友子魔法裁剪

制作装饰结构的纸样

结

系结是一种美丽的服装装饰方法，打结的纸样能够自然地成为衣服的一部分。

在衣身中插入结

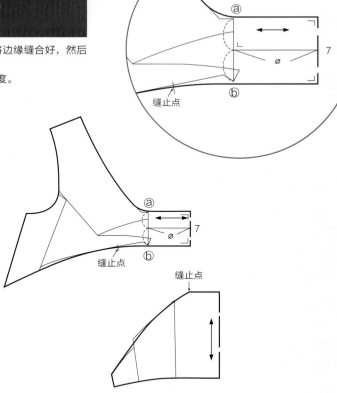

① 首先，准备一条宽度为 7 cm 的面料，并将边缘缝合好，然后将其翻转。接着，测量布条的长度。

② 在布条上打个结，测量长度。∅ = 打结的长度。

③ 绘制前衣身纸样，在前中标记打结的位置ⓐ和ⓑ。从ⓐ处开始，向左量 2 cm，绘制领口和分割线。

④ 关闭所有省道。从ⓐ—ⓑ的等分点开始，测量结的长度∅和布条的宽度 7 cm。重新绘制轮廓线条，使其流畅、连续。

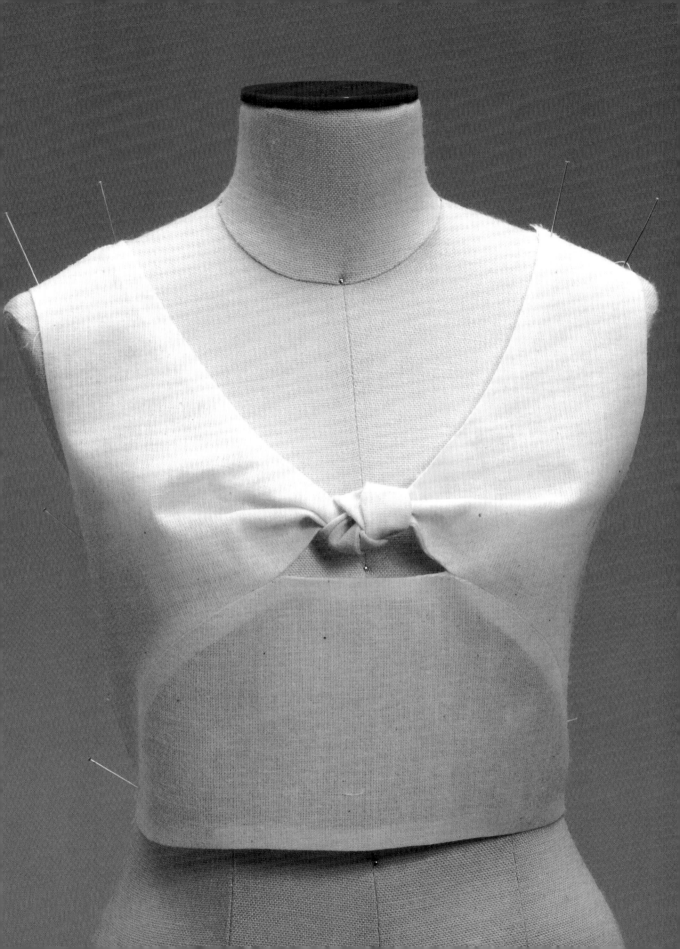

第 49 页：结

衣身的打结设计。

这件独特的衣服由几个类似小铃铛的结组
合而成，它唤起了我脑海中铃铛的声音，非常
特别。

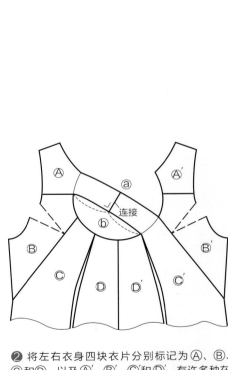

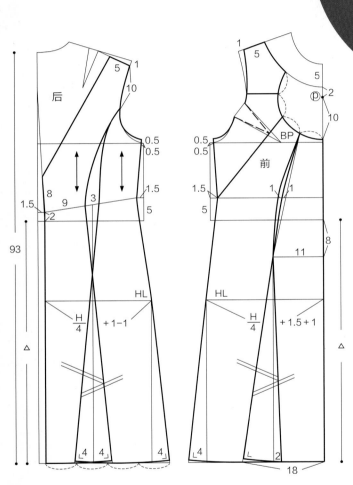

① 绘制衣身纸样。在纸样上以ⓟ为圆心，画出半径为 10 cm 的半圆
形领口。将领口分成四等分，并且将上衣分成四部分，每部分与领口
对应。

② 将左右衣身四块衣片分别标记为Ⓐ、Ⓑ、
Ⓒ 和Ⓓ，以及Ⓐ′、Ⓑ′、Ⓒ′和Ⓓ′。有许多种在
胸部打结的方法，但为了稳定衣身，需要先在左
右对角线上连接上打结的布条。然后在想要打结
的位置打结，并将其系紧。此款先使用一块布料
将衣片Ⓐ和Ⓒ′连接起来，并在布条的中间插入
结头ⓐ—ⓑ。为了使设计对称，Ⓐ′和Ⓒ也使
用同样的方式连接起来。

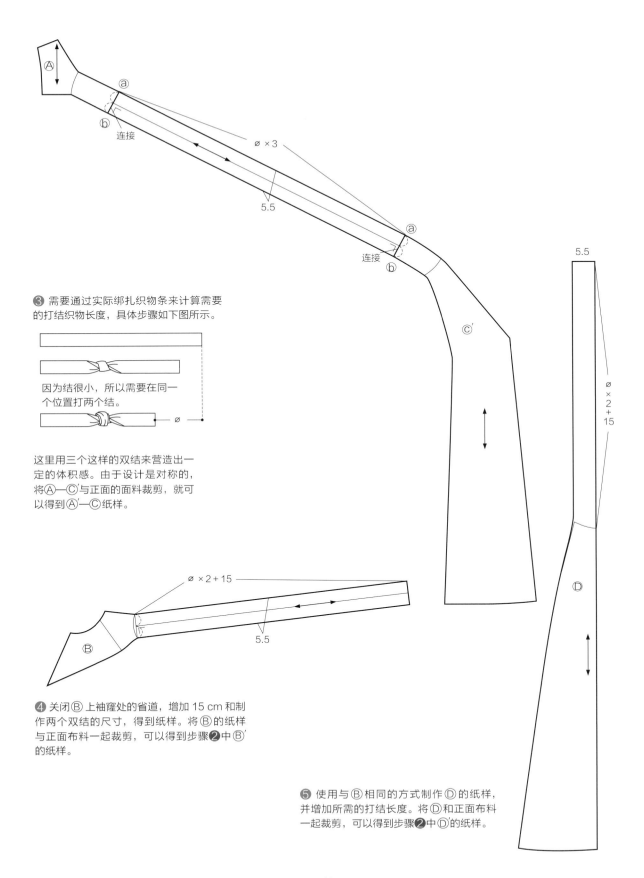

Ⓐ

ⓐ

ⓑ
连接

∅ × 3

5.5

ⓐ

连接

ⓑ

❸ 需要通过实际绑扎织物条来计算需要
的打结织物长度，具体步骤如下图所示。

因为结很小，所以需要在同一
个位置打两个结。

∅

这里用三个这样的双结来营造出一
定的体积感。由于设计是对称的，
将Ⓐ—Ⓒ'与正面的面料裁剪，就可
以得到Ⓐ'—Ⓒ纸样。

Ⓒ'

5.5

∅
×
2
+
15

Ⓓ

∅ × 2 + 15

5.5

Ⓑ

❹ 关闭Ⓑ上袖窿处的省道，增加15 cm和制
作两个双结的尺寸，得到纸样。将Ⓑ的纸样
与正面布料一起裁剪，可以得到步骤❷中Ⓑ'
的纸样。

❺ 使用与Ⓑ相同的方式制作Ⓓ的纸样，
并增加所需的打结长度。将Ⓓ和正面布料
一起裁剪，可以得到步骤❷中Ⓓ'的纸样。

先将对角线布条固定好，然后将衣服放在
人台上，用其他四片布条紧密打结。最后
在外面看不到的地方缝合打结处。

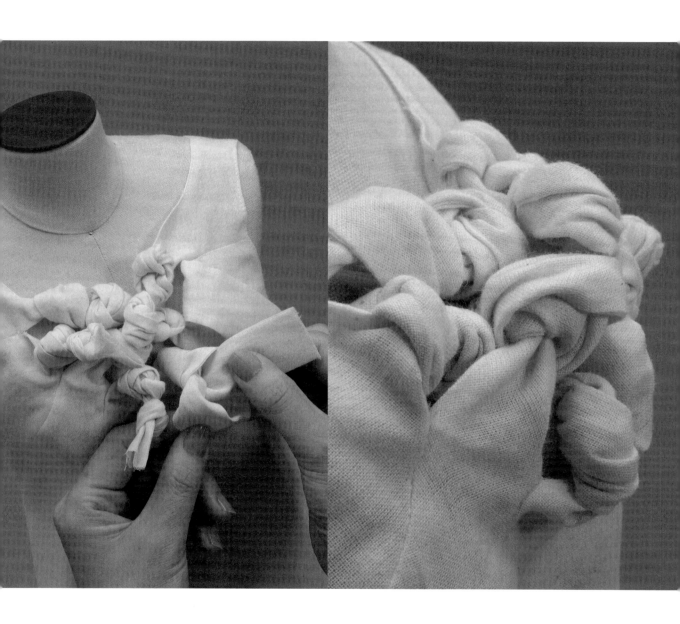

第50页：像丛林一样

这个设计的线条在衣身上纵横交错，以一种近乎有机的方式自由重叠。

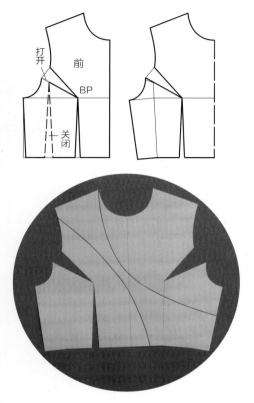

① 剪去原型上的省量。

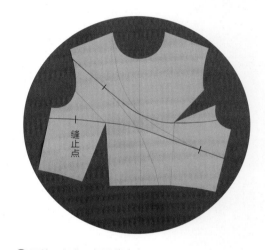

③ 画第二部分。标记缝止点。

② 绘制第一部分时，可以随意画线，以任何你想要的方式绘制。当一条线穿过省时，就要闭合对应的省，然后画出这条线。

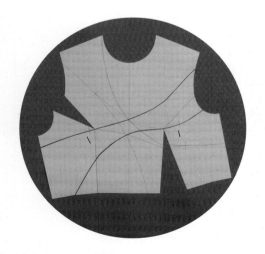

④ 画第三部分。标记缝止点。

⑤ 画第四部分。标记缝止点。

尝试不同的纸样组合非常有趣。可以只缝衣身右侧，然后移动布条，找到喜欢的左侧平衡。在绘制纸样时，可以通过缩短缝止点之间的距离或加大缝隙，使各种不同的组合成为可能。

第 51 页：星星

　　这个案例在胸部区域作了扭曲设计，使服装同弹性织物一样与身体紧密
贴合。面料在前胸呈放射状重叠，形成一个星形。

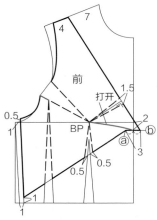

❶ 绘制纸样。当领口和下胸围完全贴合身体时，会有多余的
面料，将这些余量移动到胸省处。

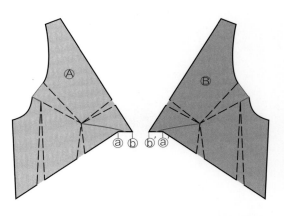

❷ 将左右纸样分别标记为衣片Ⓐ和衣片Ⓑ。在衣片Ⓑ上，
标记与衣片Ⓐ上的ⓐ点和ⓑ点相对应的点为ⓐ′和ⓑ′。

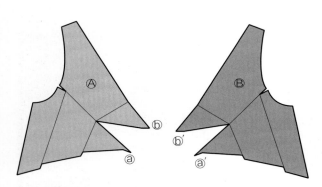

❸ 关闭所有省道。

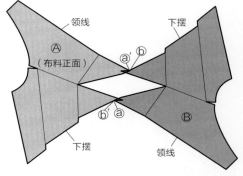

❹ 将衣片Ⓑ上下翻转。然后将衣片Ⓐ上的ⓑ点与衣片Ⓑ
上的ⓐ′点对齐，将衣片Ⓐ上的ⓐ点与衣片Ⓑ上的ⓑ′点对齐。

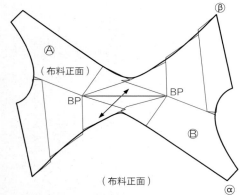

❺ 将领口和下摆的线条绘制成平滑、连续的形状，并标记出
衣片Ⓐ和Ⓑ上的胸高点。同时将衣片Ⓑ上的肩线标记为ⓐ，
下摆线标记为β。

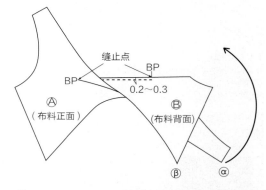

❻ 将β折向正面，将胸高点之间的边缘缝合，以突出织物扭
曲时的褶皱顶点。将ⓐ扭转到反面。由于被扭曲，衣片Ⓑ的
背面现在显现在衣服正面。

中道友子魔法裁剪 2

翻转（以获得悬垂效果）

　　将织物旋转以增加阴影深度，然后将其翻转过来，就像游泳者在游泳池中翻身一样。

翻转的结构

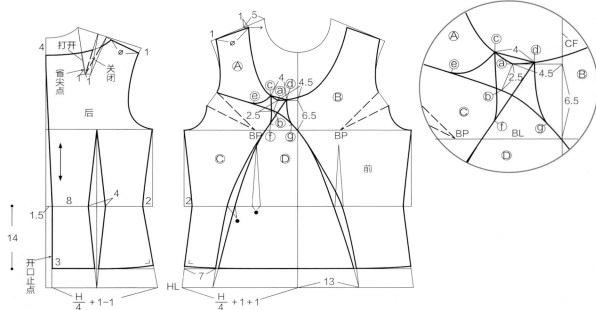

❶ 绘制纸样。在制作褶皱前，需要在衣身纸样中加入分割线。先标记衣片Ⓐ和Ⓑ，然后沿着Ⓐ和Ⓑ的长度延伸，绘制衣片Ⓒ和Ⓓ，可以按照自己想要的方式，就像绘画一样。最后在分割线中插入腰省。

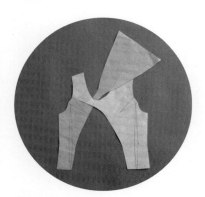

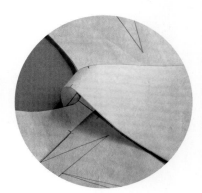

❷ 图为如何翻转Ⓒ和连接至Ⓓ。

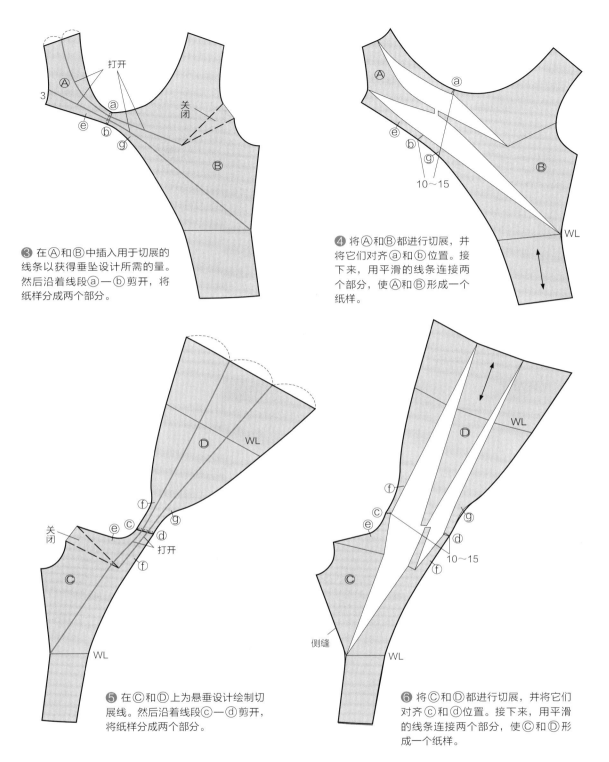

❸ 在Ⓐ和Ⓑ中插入用于切展的
线条以获得垂坠设计所需的量。
然后沿着线段ⓐ—ⓑ剪开，将
纸样分成两个部分。

❹ 将Ⓐ和Ⓑ都进行切展，并
将它们对齐ⓐ和ⓑ位置。接
下来，用平滑的线条连接两
个部分，使Ⓐ和Ⓑ形成一个
纸样。

❺ 在Ⓒ和Ⓓ上为悬垂设计绘制切
展线。然后沿着线段ⓒ—ⓓ剪开，
将纸样分成两个部分。

❻ 将Ⓒ和Ⓓ都进行切展，并将它们
对齐ⓒ和ⓓ位置。接下来，用平滑
的线条连接两个部分，使Ⓒ和Ⓓ形
成一个纸样。

（缝合顺序）
❶ 缝合Ⓐ和Ⓒ到止口ⓔ。
❷ 在ⓒ—ⓓ处扭转Ⓓ，缝合Ⓒ和Ⓓ到止口ⓕ。纸样Ⓓ的背面
将显示出来。
❸ 缝合Ⓑ和Ⓒ到止口ⓖ。
● 由于Ⓓ部分的背面将显示出来，请注意面料的选择。

第 52 页：翻转

　　将垂坠设计系带"翻转"，从前身开口处穿出，可以营造出复杂而美丽的效果。

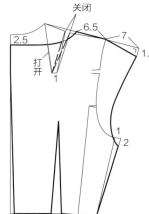
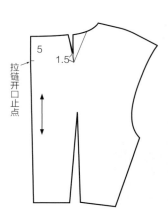

❶ 绘制后衣身纸样。

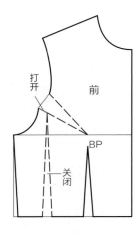
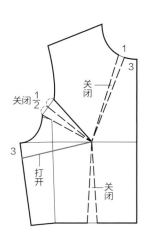

❷ 绘制前衣身纸样。由于此款设计领口较大，需要将前领口余量转移到侧缝省。

70

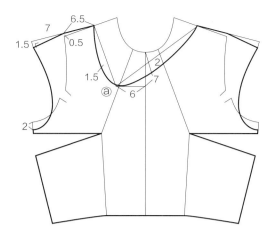

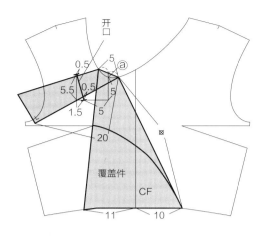

❸ 首先需要关闭所有省，然后画出不对称的领口线条。
领口最深处标记为ⓐ点。

❹ 从腰部到领口画出垂带的纸样，确定开口的位置，并画出
翻转时垂带与开口很好地贴合的纸样。在被垂带遮住的位置
画一条分割线。

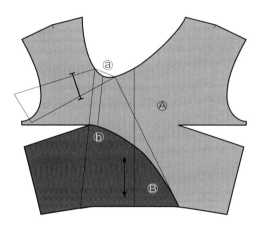

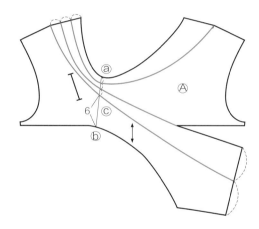

❺ 将前衣身分为样片Ⓐ和Ⓑ。从样片Ⓐ的ⓐ点，画出
一条与垂带边缘平行的线段ⓐ—ⓑ。

❻ 距离ⓑ点 6 cm 标记出ⓒ点。将ⓐ和ⓒ之间三等分，并
画出悬垂部分的切展线，避开开口的位置。

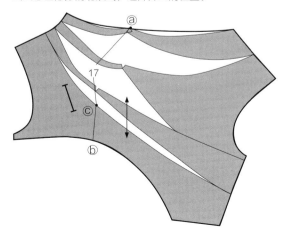

❼ 在ⓐ和ⓒ之间拉开 17 cm，画出领口。

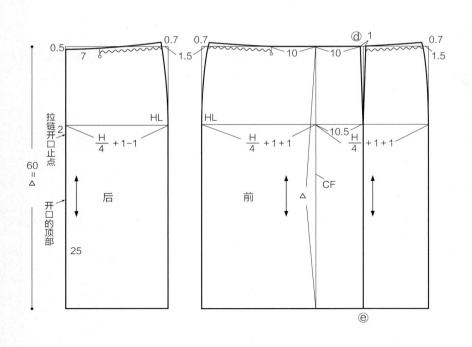

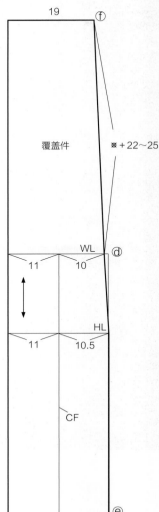

8 绘制裙子的纸样。

9 需要以裙子纸样为基础绘制纸样，因为垂带缝在裙子前片的ⓓ—ⓔ处。其结构在腰围处与上衣分开，在领口处翻转，并从开口中露出来。在腰围以上步骤**4**中测量长度✕的基础上增加22～25 cm作为垂带长度。

不同的贴边，不同的样式

　　将各种不同的领口贴边添加到一件相似形状的上衣上，就可以获得一系列选择。这些看不见的贴边赋予每件衣服独特的形状。

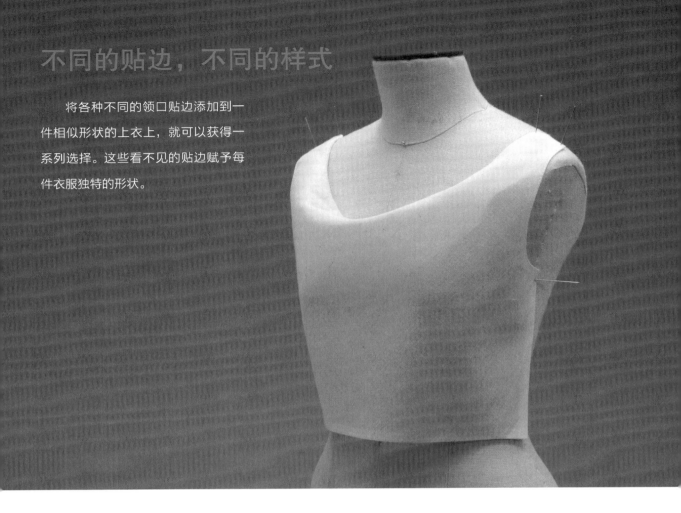

基础前衣身

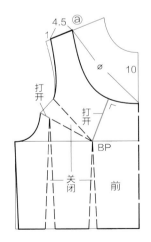

① 绘制前衣身纸样。先画一个圆领口，然后从胸高点到领口画一个直角切展线。将领围线长度标记为ø。

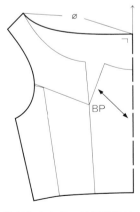

② 将所有省合并，并打开领口。将领口绘制到前中延伸线的位置，弧长为ø。为了获得柔软的外观效果，前中用斜向丝缕。

曲线贴边

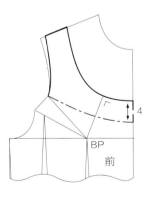

在切展之前，先画出领口贴边的纸样。

方形贴边

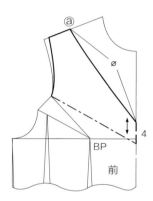

画一个方形领口，使ⓐ—ⓑ—ⓒ长度为测量值∅。

V 形贴边

画一个 V 形领口，从ⓐ到前中长度为∅。

不对称贴边

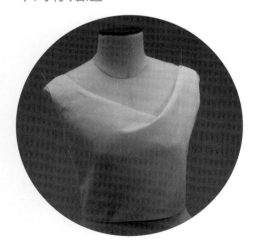

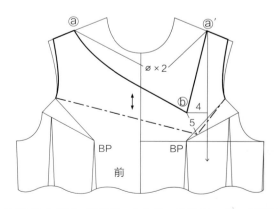

画一个不对称的领口。要找到一个点ⓑ，使得ⓐ—ⓑ—ⓐ′的长度为
∅×2。由于领口在ⓑ处被拉长，左右两侧的面料在领口处相交。

第 53 页：不同的贴边，不同的样式

这种领口和下摆处柔和、不对称的垂坠让人联想到过去的优雅时代。

在设计服装时，领口和下摆的形状往往需要根据贴边的不同进行调整，因此需要在确定贴边后再绘制大身料的纸样，这样可以更容易地将服装制作成预期的造型。

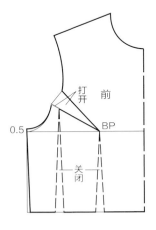

① 绘制前衣身贴边纸样。转移所有的腰省到袖窿省。

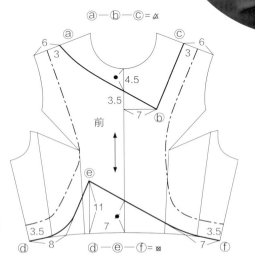

ⓐ—ⓑ—ⓒ = △

ⓓ—ⓔ—ⓕ = ⊠

② 在纸样上绘制一个不对称的领口，然后标记ⓐ—ⓑ—ⓒ的领口长度为△。为了让面料看起来更有层次感，将下摆设计成与领口相反的不对称形状。接着测量ⓓ—ⓔ—ⓕ的长度，记为⊠。

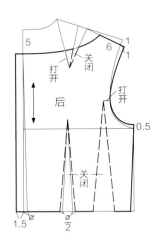

③ 绘制后衣身纸样。将肩省转移到领口处（后片贴边略过不画）。

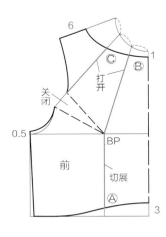

④ 绘制前衣身纸样。将领口下落 1 cm，前中下摆上提 3 cm。在操作此步骤时，请确保领口和下摆的长度变动不超过第②步中的●和♦。差异越大，完成后面料重叠越多。

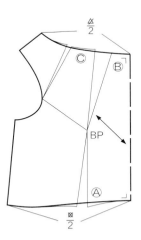

⑤ 先关闭袖窿省，并在Ⓐ处切展，使下摆长度变为$\frac{⊠}{2}$。然后合上剩下的袖窿省，在Ⓑ处切展。接着在Ⓒ处再次切展，使领口长度变为$\frac{△}{2}$。最后画出领口线和下摆线。

第 54 页：荡领

　　面料在肩部两侧轻柔地垂落，从侧面看，像是合体衣身上的凸出结构。据说荡领起源于中世纪大祭司的长袍。我想把它融入一件优雅的礼服中。

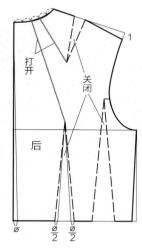

❶ 为此悬垂设计绘制纸样。因为要在领口处形成悬垂褶皱，所以需要关闭所有省道，并在领口处切展。

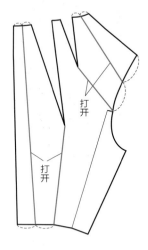

❷ 在领口处增加切展线。

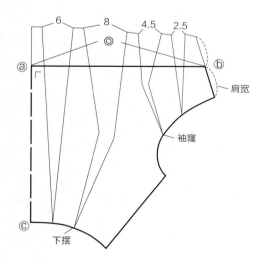

❸ 切展的量要更多地靠近后中而不是肩线。测量肩宽并标记出ⓑ，然后从ⓑ作后中垂线，相交于ⓓ。线段ⓐ一ⓑ则为后领口。

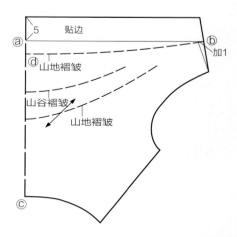

❹ 在第❸步的纸样上，在后领口ⓐ一ⓑ上方增加 5 cm 的贴边并剪下来。当你将衣服穿在人台上时，面料会自然下垂，形成ⓓ一ⓑ凸褶线。调整领口的位置，第二条凸褶线也会出现。

第 55 页：大翻领

从侧面看，领口轻轻张开的形状好似盛开的花瓣。

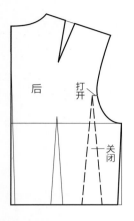
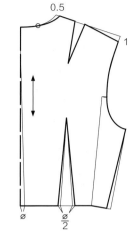

① 绘制后衣身纸样。

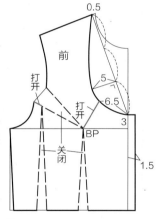

② 画出非常宽的、敞开的前领口。

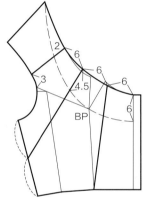

③ 关闭所有省，并在领口处切展。在领口内部画出一条穿过胸高点的大曲线。虚线就是领口开始张开的位置，像一片花瓣一样。

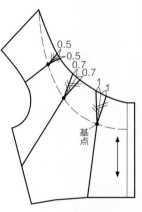

④ 在分割线和虚线相交处切展。

⑤ 将纸样连接起来，并画顺领口。

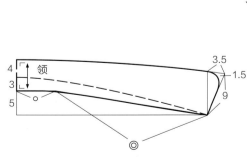

⑥ 绘制领子和贴边的纸样。

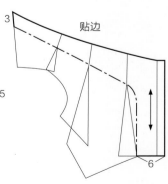

第 56 页：大翻领的应用

　　这个设计的特点是通过在领口处大量切展来创造垂坠的效果。通过轻微地打开领口，我试图营造出一种看起来像鸽子撅嘴的衬衫轮廓。如果使用挺括的面料，效果会更加出色。

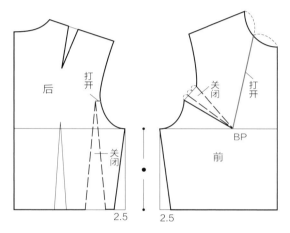

❶ 绘制纸样。将袖窿省的 2/3 关闭，转移到领口。剩下的 1/3 做省。

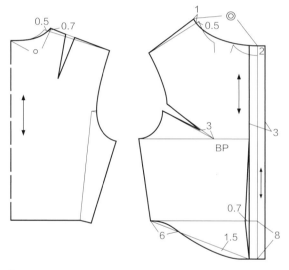

❷ 当穿上衬衫时，前后领口处会因为褶皱的形成而需要额外的量。因此需在前后领口处增加相应的宽度。

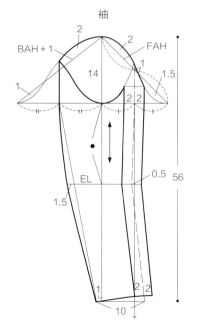

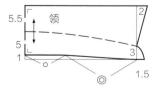

❸ 绘制领子和袖子的纸样。为了与独特的衣身设计相呼应，袖子应该做得比较修长。

中 道 友 子 魔 法 裁 剪

第三部分
消失的它们……

魔法裁剪！

我的想法是通过纸样处理来让衣服的一部分消失，这样会很有趣。这不是通过视错觉的把戏来实现的，而是通过巧妙地混合概念和纸样来实现的。

消失的围巾　详见第 86 页

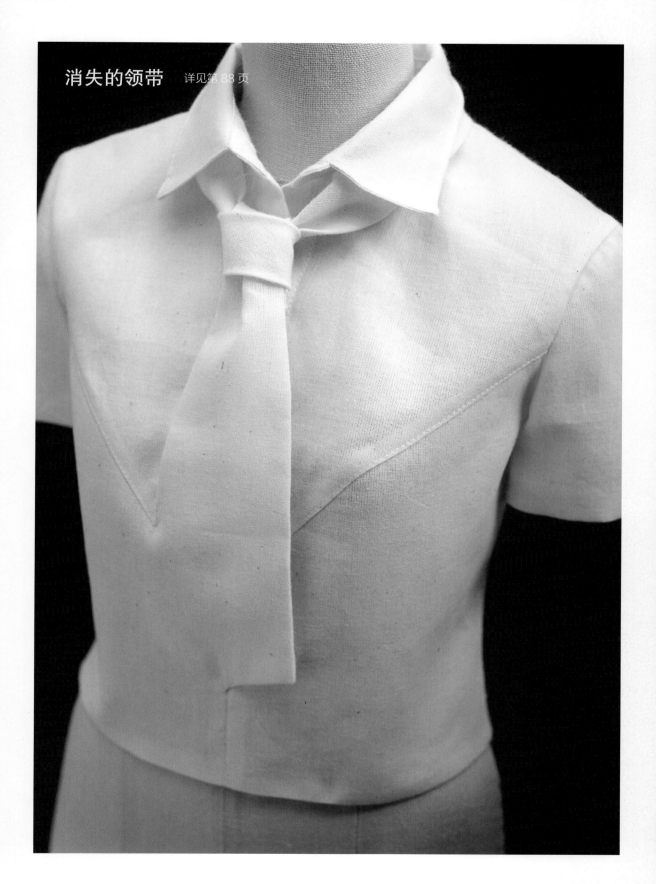

消失的领带　详见第 88 页

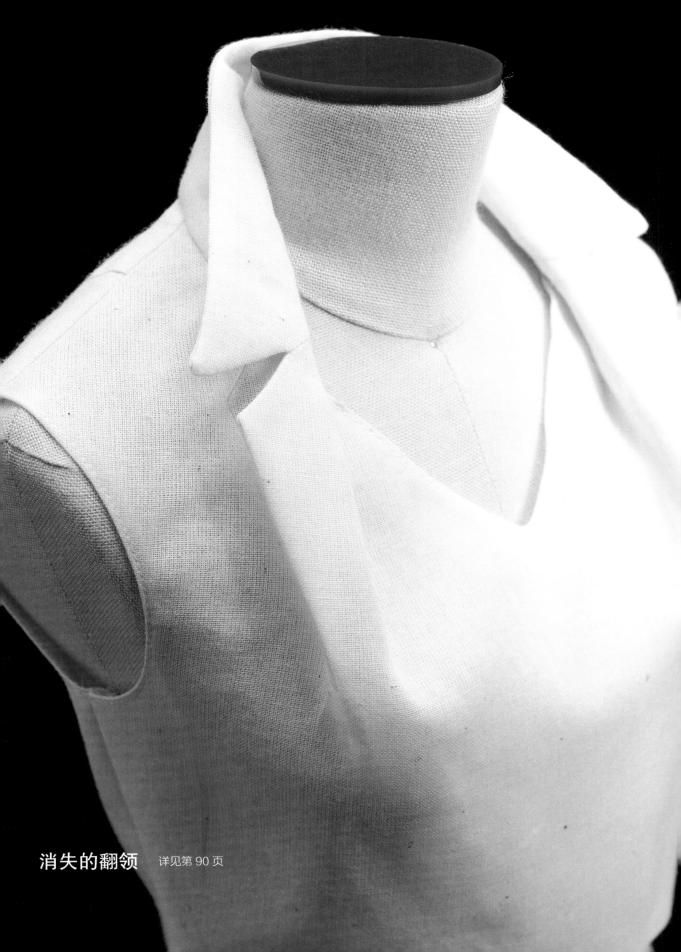

消失的翻领　　详见第 90 页

消失的口袋 详见第 92、93 页

A

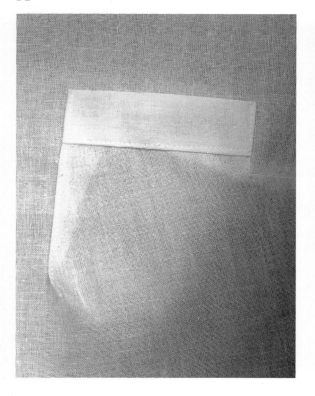

B

为衣服的一部分"消失"做一个纸样

第 81 页：消失的围巾

　　原本围在脖子上的围巾，成为
衣身的一部分，并且消失了！

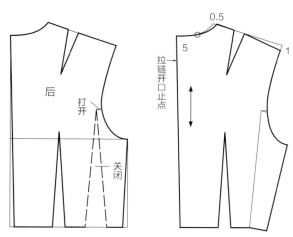

❶ 绘制纸样。关闭后衣身上靠近侧缝的省。

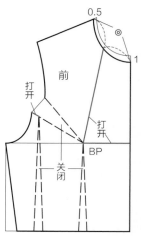

❷ 关闭前衣身上的所有省，分别在胸围线和领口处进行切展。

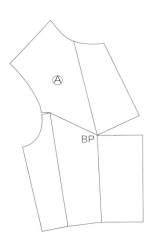

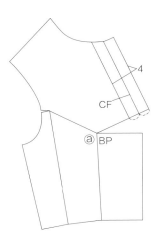

❸ 将在胸围线切展的纸样标记为Ⓐ，在领口处切展的纸样标记为Ⓑ。

❹ 将衣襟贴在纸样Ⓐ的胸围线上方，并标记出胸高点ⓐ。

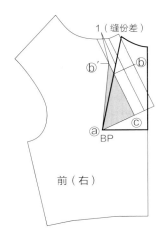

❺ 绘制前衣身上部纸样。将纸样Ⓑ放在步骤❹的纸样上方。Ⓑ就是围巾要融入的那片纸样。由于衣身和围巾的纸样重叠了，所以将重叠部分（三角形ⓐ、ⓑ、ⓒ）和围巾分开裁剪。将ⓐ—ⓑ缝到衣身上时需要缝份，所以增加 1 cm，将ⓑ移到ⓑ'。最后将三角形ⓐ、ⓑ'、ⓒ单独裁出。

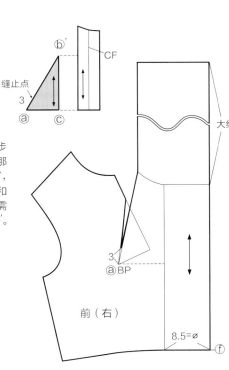

❻ 这张纸样是将围巾和衣身连接在一起后得到的。

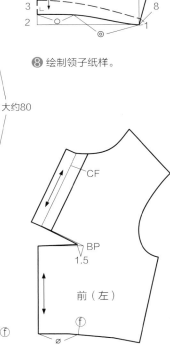

❼ 前衣身下半部使用步骤❹的衣身，并将省道缩短，这样它们就会被围巾遮盖。

❽ 绘制领子纸样。

第 82 页：消失的领带

通过巧妙的设计，领带的尖端被隐藏在衬衫内部，消失了。

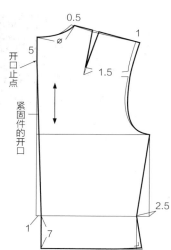

❶ 绘制纸样。在后中留出拉链开口。

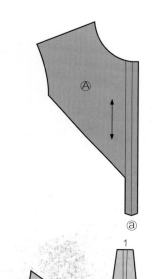

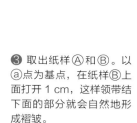

❷ 在衣身前片画出领带结下面的部分。在上衣身上画一条设计线，让领带的右下方消失在衣身里。由于领带部分与衣身的右侧样片重叠，将上衣的纸样分为样片Ⓐ和样片Ⓑ，并标记领带与前中交点为ⓐ。

❸ 取出纸样Ⓐ和Ⓑ。以ⓐ点为基点，在纸样Ⓑ上面打开 1 cm，这样领带结下面的部分就会自然地形成褶皱。

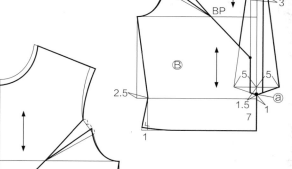

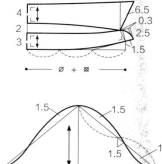

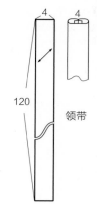

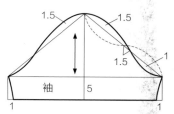

❹ 绘制领子和袖子的纸样。

❺ 由于领带的长度在最后缝制时才能确定，在制作过程中会留出一些余量，以便在最后进行调整。

88
中道友子魔法裁剪 2

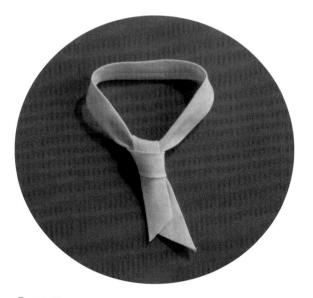

❻ 系领带。

❼ 把上衣穿在人台上，然后系上领带。确定想给领带打结的位置，但要留出足够的空间让穿着者的头可以穿过。

❽ 确定了领带结的位置，就可以将结下面的多余部分剪掉。剪掉部分可以丢弃。

❾ 将领带的上半部分系在衣领上，然后将衣片Ⓑ的领带插入领带结中，让领带自然地垂下来。这种操作方式让领带下摆消失不见了。

第 83 页：消失的翻领

这个精剪裁的翻领融入衣服中。

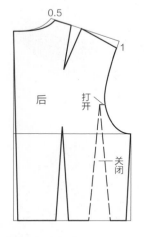

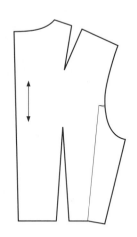

① 绘制纸样。把后衣身靠近侧缝的省闭合。

② 绘制切展线，并将领口与切展线的交点标记为ⓐ。

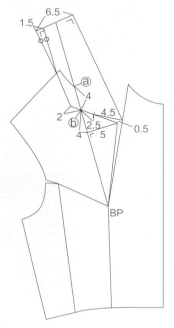

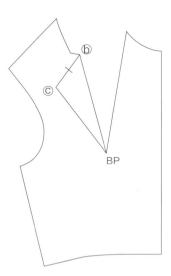

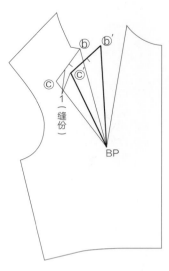

③ 将省闭合，绘制衣领纸样，并将翻领开始位置标记为ⓑ。

④ 以胸高点和ⓑ的连线为轴翻转翻领，然后复制。标记翻领的位置为ⓒ。

⑤ 量取翻领缝份。以胸高点为中心，在开口线上向外移动 1 cm，标记新的翻领点为ⓒ'和ⓑ'。

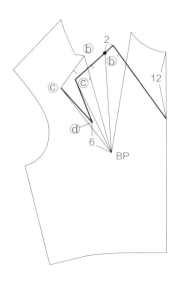

❻ 将ⓒ'—ⓑ'线延长 2 cm 并连接到前中,成为领口。在胸高点上方 6 cm 处取点ⓓ,然后连接点ⓒ和点ⓓ以及点ⓒ'和点ⓓ,形成翻领的形状。

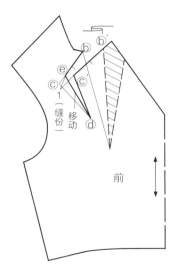

❼ 为使上衣设计线条更为简洁,仅留下 1 cm 左右的缝份,并将ⓒ—ⓓ线段移至ⓔ—ⓓ的位置。

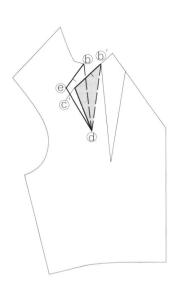

❽ 将由ⓑ'、ⓒ'、ⓓ形成的三角形翻转过来。沿线ⓑ'—ⓓ对齐三角形ⓑ、ⓓ、ⓔ,但由于线ⓑ'—ⓓ和ⓑ—ⓓ的长度不同,需要在ⓑ'、ⓔ之间画一条线。最后,由ⓑ'、ⓔ、ⓓ、ⓒ'连接成的菱形成为翻领内的隐藏部分。

事先用纸将纸样中难以理解的部分做出来,以便更容易理解。

第 84 页：消失的口袋 A

这里的口袋就像画了一半的图，消失在衣服中。通过先进的转省和切展技术来实现这种效果。口袋 A、B 和 C 只是装饰性的，不具有实用性。

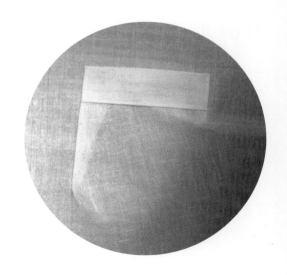

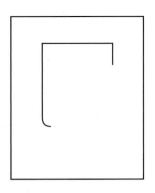

❶ 可以先画出口袋的形状轮廓，然后用橡皮擦掉希望口袋"消失"的部分，这样口袋就会像画了一半的图，隐藏在衣服中。

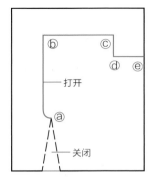

❷ 当用人台做立体的口袋时，可以使用省来删除设计线。将省尖点标记为ⓐ，然后尝试使用一条分割线ⓓ—ⓔ制作口袋。

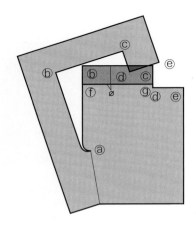

❸ 当关闭省时，口袋底部和纸样会重叠。在口袋开口处，画一条分割线。为了平衡缝份和分割线的位置，此处将间隔尺寸设为ø。

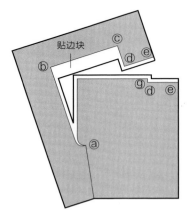

❹ 缝份是通过将分割线加入口袋开口处来确定的。

❺ 在分割线处增加缝份。因为底部口袋开口区域（ⓑ—ⓒ下面的面料）会作为口袋贴边，应尽可能使这片纸样大一些。

第 84 页：消失的口袋 B

口袋的左侧角落似乎下沉并消失了，就
像一艘正在下沉的船消失在水下。

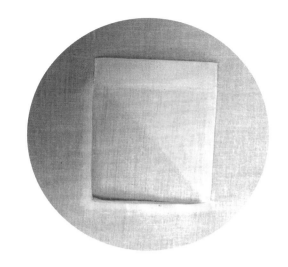

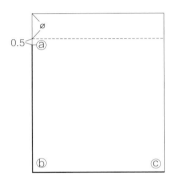

❶ 决定口袋的消失位置 ⓐ—ⓑ—ⓒ。

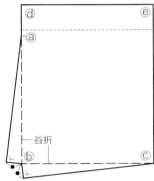

❷ 以ⓑ点为中心，找到口袋下沉的深度（•），
并以直角连接ⓐ点和ⓒ点。ⓐ、ⓑ、ⓒ三点
将组成谷折。

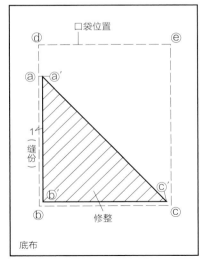

❸ 在底布的缝口袋位置 ⓐ—ⓑ—ⓒ 上增加缝
份，同时修剪掉 ⓐ'—ⓑ'—ⓒ' 包围的不需要的
三角形。

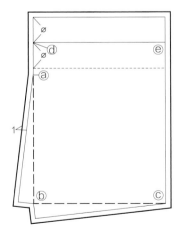

❹ 在口袋纸样上标注口袋开口处需要的折叠
量以及缝份量。

消失的口袋 C

此口袋的一个角没有露出来，隐藏
在上衣中。

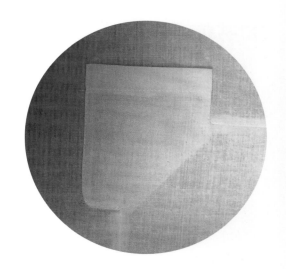

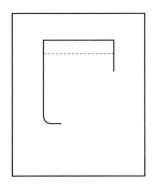

❶ 画出口袋的轮廓后，使用橡皮擦
去想要让口袋消失的部分。

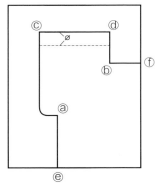

❷ 从ⓐ和ⓑ点，分别画出分割线ⓐ—
ⓔ和ⓑ—ⓕ。ⓔ和ⓕ的位置可以任意
确定，只要分割线经过ⓐ和ⓑ点。

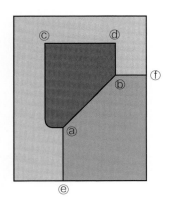

❸ 制作两个纸样，分别在底布和口
袋上复制ⓐ、ⓑ、ⓓ、ⓒ所包围的
区域。

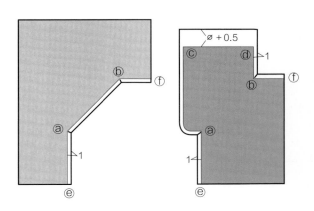

❹ 在底布和口袋上加缝份。

本书使用方法

　　关于立体和平面、服装和纸样的关系，在扉页已写。为女性做衣服不只是为了合体，使女性看上去更具魅力才是最大的目标。因此，服装设计是无止境的、跨越时代的，给我们带来永恒的乐趣。希望本书介绍的纸样制作方法能帮助您将设计转化为纸样的轮廓和细节。如果您能从中汲取灵感，并找到适合自己的新方法，将非常令人高兴。

　　本书中每款服装的设计制图、纸样操作都按日本文化式原型中的成人女子 M 号尺寸（胸围 83 cm，腰围 64 cm，背长 38 cm）为基础制作，而且，立体的纸样成品是用 1/2 人台展示的。这个人台全部尺寸都是 M 号全码人台 1/2 比例的，表面积是 1/4，体积是 1/8。使用 1/2 人台，对于服装整体的平衡、氛围感都能较好地把握，而且便利。此外，为了便于理解纸样的形成，省略了实际的放缝线和其他裁剪标记，也省略了布料用量。

制图缩写

BP
胸高点、乳头点

AH
袖窿

FAH
前袖窿

BAH
后袖窿

B
胸围

W
腰围

MH
中臀围

H
臀围

BL
胸围线

WL
腰围线

HL
臀围线

EL
袖肘线

CF
前中心线

CB
后中心线

制图符号

基础线		为了与目标线相连而作的基础线，用细实线表示
等分线		将一段线分成几段等长的线段，用细虚线表示
完成线		纸样上的轮廓线，用粗实线或粗虚线表示
连裁线		在连裁位置标记，用粗虚线表示
直角标记		直角处的标识，用细实线表示
单向褶裥		下摆方向褶裥量的两根线间用斜线表示，由高向低表示褶裥的方向
丝缕线		箭头方向表示布的直丝缕，用粗实线表示
45° 斜纱方向		在布的 45° 方向标记，用粗实线表示
拉伸记号		在拔开（拉伸）位置处标记
归拢记号		在归拢（缝缩）位置处标记
关闭和切展标记	关闭 打开	纸样上的省道关闭，反之表示纸样上的省道打开
与其他样片的连裁标记		表示布需连裁处，在纸样上标注

成人女子文化式原型

这是基于现代日本女性的体型制作的文化式原型，通过收省（胸省、肩省、腰省）使之形成贴合身体的立体纸样。

为了绘制原型，需要胸围（B）、腰围（W）、身高的尺寸。各部位的尺寸以胸围尺寸为基准，根据胸围和腰围尺寸计算出省量。总腰省量以腰围为 W/2+3 cm 的宽松量算出，即身宽 –（W/2+3 cm）。为了完美地贴合身体，各部位尺寸需要进行详细的计算，但如果参考下面"各部位尺寸一览表"，就能比较简单地进行绘图。另外，98、99 页分别给出了胸围为 77 cm、80 cm、83 cm、86 cm、89 cm 的 1∶2 原型纸样。希望大家可以灵活运用。

各部位尺寸一览表

单位：cm

⑧	身宽 $\frac{B}{2}+6$	Ⓐ~BL $\frac{B}{12}+13.7$	背宽 $\frac{B}{8}+7.4$	BL~Ⓑ $\frac{B}{5}+8.3$	胸宽 $\frac{B}{8}+6.2$	$\frac{B}{32}$ $\frac{B}{32}$	前领宽 $\frac{B}{24}+3.4=\circledcirc$	前领深 $\circledcirc+0.5$	胸省 $(\frac{B}{4}-2.5)^\circ$	后领宽 $\circledcirc+0.2$	后肩省 $\frac{B}{32}-0.8$
77	44.5	20.1	17.0	23.7	15.8	2.4	6.6	7.1	16.8	6.8	1.6
78	45.0	20.2	17.2	23.9	16.0	2.4	6.7	7.2	17.0	6.9	1.6
79	45.5	20.3	17.3	24.1	16.1	2.5	6.7	7.2	17.3	6.9	1.7
80	46.0	20.4	17.4	24.3	16.2	2.5	6.7	7.2	17.5	6.9	1.7
81	46.5	20.5	17.5	24.5	16.3	2.5	6.8	7.3	17.8	7.0	1.7
82	47.0	20.5	17.7	24.7	16.5	2.6	6.8	7.3	18.0	7.0	1.8
83	47.5	20.6	17.8	24.9	16.6	2.6	6.9	7.4	18.3	7.1	1.8
84	48.0	20.7	17.9	25.1	16.7	2.6	6.9	7.4	18.5	7.1	1.8
85	48.5	20.8	18.0	25.3	16.8	2.7	6.9	7.4	18.8	7.1	1.9
86	49.0	20.9	18.2	25.5	17.0	2.7	7.0	7.5	19.0	7.2	1.9
87	49.5	21.0	18.3	25.7	17.1	2.7	7.0	7.5	19.3	7.2	1.9
88	50.0	21.0	18.4	25.9	17.2	2.8	7.1	7.6	19.5	7.3	2.0
89	50.5	21.1	18.5	26.1	17.3	2.8	7.1	7.6	19.5	7.3	2.0

腰省量分布一览表

单位：cm

总省量 100%	f 7%	e 18%	d 35%	c 11%	b 15%	a 14%
9	0.6	1.6	3.1	1	1.4	1.3
10	0.7	1.8	3.5	1.1	1.5	1.4
11	0.8	2	3.9	1.2	1.6	1.5
12	0.8	2.2	4.2	1.3	1.8	1.7
12.5	0.9	2.3	4.3	1.3	1.9	1.8

原型的绘制方法

原型分为衣身原型和袖原型，此处只列出书中使用的衣身原型。

基础线

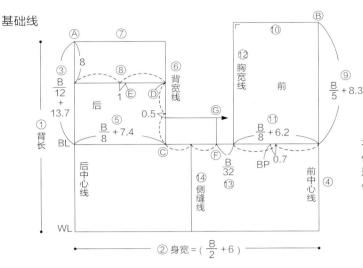

衣身原型从基础线开始绘制。准确地计算出各部位的尺寸，按照①—⑭的顺序依次绘制。若按照这个顺序作图，上页一览表中的数据也从左往右依次读取。

轮廓线

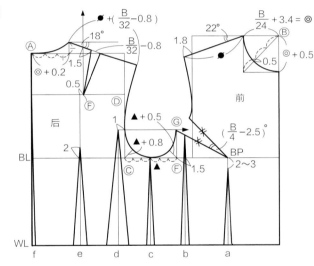

完成基础线后，依次画出领口、肩线、袖窿的轮廓线，最后画上省道。

转移省时的注意事项

以ⓐ为基点，合上腰省后袖窿处就会打开，但因为量很小，可以被作为袖窿的松量。另外，在作图需要时可将原型的腰省标记出来，在不需要时可以省略。

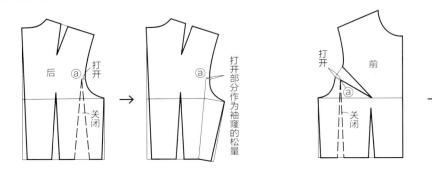

成人女子文化式原型 M 号尺寸（1：2 纸样）

在复印机上以 200% 的比例扩印即可得到全码纸样。

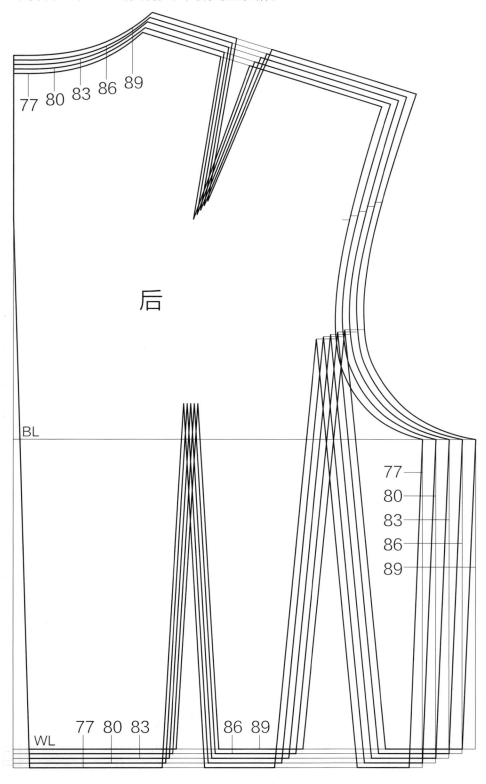

后

77 80 83 86 89

BL

77
80
83
86
89

77 80 83 86 89

WL

胸围(B)	腰围(W)	背长
77	58	
80	61	
83	64	38
86	67	
89	70	

单位：cm

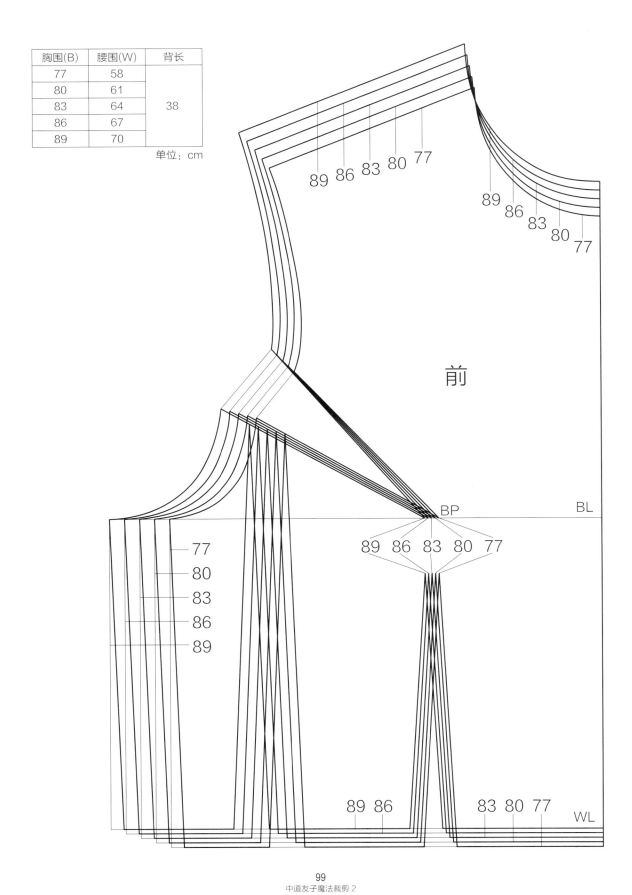

前

89 86 83 80 77

89 86 83 80 77

BP

BL

89 86 83 80 77

77
80
83
86
89

89 86

83 80 77

WL

后记

    简单地复制纸样，是了解服装结构的一种方法。使用各种方法复制一件衣服，并根据重新创建的衣服制作纸样，人们可以很容易地发现任何一件衣服背后的原理。例如，当作者复制一件迪奥的服装时，就能洞察到设计者的乐趣。理解服装结构后，用纸样给一件衣服赋予形状是一种更深刻的体验。作者希望这本书能帮助读者享受制作纸样的过程。

    最后，作者向藤野笠井表示衷心的感谢。她给了作者宝贵的建议，就像她对作者的上一本书《中道友子魔法裁剪 1》所做的那样。同时也感谢所有帮助这本书成为现实的人。

パターンマジック　vol.2
本书由日本文化服装学院授权出版
版权登记号：图字 09-2023-0011 号
PATTERN MAGIC vol.2 by Tomoko Nakamichi
Copyright © Tomoko Nakamichi 2007
All rights reserved.
Original Japanese edition published by
EDUCATIONAL FOUNDATION BUNKA
GAKUEN BUNKA PUBLISHING BUREAU.

This Simplified Chinese language edition is
published by arrangement with EDUCATIONAL
FOUNDATION BUNKA GAKUEN BUNKA
PUBLISHING BUREAU, Tokyo, in care of
Tuttle-Mori Agency, Inc., Tokyo through Pace
Agency Ltd., Jiang Su Province.

原书装帧：冈山和子
原书摄影：川田正昭

图书在版编目（CIP）数据

中道友子魔法裁剪 2 /（日）中道友子著；贾玺增，陶晓通译. — 上海：东华大学出版社，2024.1
ISBN 978-7-5669-2284-7

Ⅰ.①中… Ⅱ.①中… ②贾… ③陶… Ⅲ.①立体裁剪 Ⅳ.① TS941.631

中国国家版本馆 CIP 数据核字（2023）第 220895 号

责任编辑：谢　未
版式设计：南京文脉图文设计制作有限公司
封面设计：Ivy 哈哈

中 道 友 子 魔 法 裁 剪 2
ZHONGDAOYOUZI MOFA CAIJIAN 2

著　　者：中道友子
译　　者：贾玺增　陶晓通
出　　版：东华大学出版社（上海市延安西路 1882 号，200051）
本 社 网 址：dhupress.dhu.edu.cn
天猫旗舰店：http://dhdx.tmall.com
营 销 中 心：021-62193056　62373056　62379558
印　　刷：上海当纳利印刷有限公司
开　　本：787 mm×1092 mm　1/16
印　　张：6.25
字　　数：180 千字
版　　次：2024 年 1 月第 1 版
印　　次：2024 年 1 月第 1 次
书　　号：ISBN 978-7-5669-2284-7
定　　价：69.00 元